U1020700

# 黄土旱塬区小麦品种生产力演变研究

张 园 陈 旭 著

中国农业出版社
北 京

**图书在版编目（CIP）数据**

黄土旱塬区小麦品种生产力演变研究 / 张园，陈旭著. —北京：中国农业出版社，2024.5
ISBN 978-7-109-31170-1

Ⅰ.①黄… Ⅱ.①张… ②陈… Ⅲ.①黄土区—干旱区—小麦—粮食品质—研究 Ⅳ.①S512.1

中国国家版本馆 CIP 数据核字（2023）第 189812 号

**黄土旱塬区小麦品种生产力演变研究**
**HUANGTU HANYUANQU XIAOMAI PINZHONG SHENGCHANLI YANBIAN YANJIU**

中国农业出版社出版
地址：北京市朝阳区麦子店街 18 号楼
邮编：100125
责任编辑：魏兆猛
版式设计：杨 婧　　责任校对：吴丽婷
印刷：北京科印技术咨询服务有限公司数码印刷分部
版次：2024 年 5 月第 1 版
印次：2024 年 5 月北京第 1 次印刷
发行：新华书店北京发行所
开本：880mm×1230mm 1/32
印张：3.5
字数：100 千字
定价：30.00 元

版权所有 · 侵权必究
凡购买本社图书，如有印装质量问题，我社负责调换。
服务电话：010-59195115　010-59194918

# 前言

粮食是人类生存和发展的重要物质基础。粮食安全是国家安全的重要基础，是我国经济社会发展的“压舱石”。从古至今，我国高度重视粮食问题，“王者以民人为天，而民人以食为天”“仓廪实，天下安”，春秋战国时期逐步形成的具有中国特色的粮食安全思想传统在长达2 000多年的时间里一直在影响着中国与世界。新中国成立以来，党中央始终高度重视粮食安全，把解决好中国人的吃饭问题作为治国理政的头等大事来抓。习近平总书记在不同场合强调保障粮食安全的重要意义，多次对粮食安全相关工作作出重要部署。民为国基，谷为民命。粮食安全是关乎国计民生的头等大事，是国家安全的重要基础。习近平总书记强调，十几亿人口要吃饭，这是我国最大的国情。手中有粮、心中不慌在任何时候都是真理。中国人的饭碗任何时候都要牢牢端在自己的手上。在总书记关于粮食安全的重要论述中，保障粮食安全是一个永恒的课题，任何时候都不能放松。

新中国成立以来，国家采取了一系列政策措施促进粮食生产稳定发展，1949—2021年，粮食产量增加了56 966.35万吨，2021年全年粮食产量再创新高，达到了68 284.75万吨，大约是1949年的6倍。但我国人多地少、可耕种的高质量耕地更少，资源承载力减弱、环境承载力趋紧，同时，广大人民群众消费结构不断升级，对粮食质量的需求不断提升，加上近年来国际形势的影响，保障粮食安全面临的压力持续加大。小麦是世界重要粮食作物，全世界约有35%的人口将小麦作为主要口粮，在中国小麦也是最重要的粮食作物之一，占口粮消费总量的43%左右。我国耕地50%为旱地，黄土高原旱作塬区是我国典型的雨养农业区，也是我国重要的粮食生产区之一，对黄土旱塬区粮食生产的研究是当前的重要课题，对保障粮食安全尤为必要。

本书叙述了我国旱地小麦生产概况、黄土旱塬区小麦品种生产力演变情况，具体内容包括黄土旱塬小麦品种生产力演变研究概况、试验设计及研究方法、不同降水年型小麦品种生产力演变、相同肥力条件小麦品种生产力演变、不同氮肥条件小麦品种生产力演变等，为旱区小麦生产提供丰富的理论与数据支撑。

本书凝结了陈旭硕士、博士期6年的研究心血。陈旭为西北农林科技大学博士，师从郝明德研究员，目前在中国科学院东北地理与农业生态研究所工作。本书的出版是导师郝明德研究员的退休心愿。本书以陈旭的硕士、博士论文为基础，重构框架，由河南科技大学张园进行内容整理、核实校正、补充更新及绘制图表等工作。

本书可供小麦育种、栽培等相关技术人员及小麦研究项目实施单位参考使用，同时对政府开展小麦生产指导工作有一定的借鉴意义。本书具有一定的科普性和实用性，鉴于编者能力及时间所限，疏漏之处在所难免，欢迎广大读者批评指正。

张　园

2023 年 4 月于洛阳，河南科技大学

# 目录

1

# 第一章 黄土旱塬区小麦品种生产力演变研究概况

## 第一节　我国旱地农业概况

地球陆地表面接近45%的地区为干旱半干旱地区，作为全球陆地的特殊组成部分，干旱半干旱农业系统组成了地球最大的生物群落，是粮食生产不可或缺的组成部分（Schimel，2010）。有限的水资源是限制作物生产的主要因素，特别是在春季温度较低的地区。尽管部分地区存在灌溉条件，但半干旱地区作物生长所需的水资源依然大部分来自自然降水（Wang et al.，2003）。未来如果降水减少，将导致多数主要粮食作物减产，威胁半干旱地区粮食生产安全（Lobell et al.，2008）。

2018年9月，国务院统一部署开展第三次全国国土调查，以2019年12月31日为标准时点汇总数据，历时3年，21.9万调查人员先后参与，汇集了2.95亿个调查图斑数据，全面查清了全国国土利用状况。国务院第三次全国国土调查领导小组办公室、自然资源部、国家统计局在2021年8月联合发布了《第三次全国国土调查主要数据公报》，公报显示：我国耕地12 786.19万公顷，其中，水田3 139.20万公顷，占24.55%；水浇地3 211.48万公顷，占25.12%；旱地6 435.51万公顷，占50.33%。位于年降水量800毫米以上（含800毫米）地区的耕地4 469.44万公顷，占全国耕地的34.96%；位于年降水量400～800毫米（含400毫米）地区的耕地6 295.98万公顷，占49.24%；位于年降水量200～400毫米（含200毫米）地区的耕地1 280.45万公顷，占10.01%；位于年降水量200毫米以下地区的耕地740.32万公顷，占5.79%（第三次全国国土调查主要数据公报，2021）。

我国64%的耕地分布在秦岭-淮河以北（表1-1），其中山西省耕地386.95万公顷，旱地281.67万公顷，旱地占比72.79%；河南耕地751.41万公顷，旱地224.08万公顷，旱地占比29.82%；陕西耕地293.43万公顷，旱地196.43万公顷，旱地占比66.94%；甘肃省耕地520.95万公顷，旱地375.00万公顷，旱地占比71.98%；宁夏回族自治区耕地119.54万公顷，旱地65.99万公顷，旱地占比55.20%。

**表1-1　第三次全国国土调查主要数据公报耕地面积（万公顷）**

| 行政单位 | 小计 | 水浇地 | 旱地 | 旱地占比（%） |
|---|---|---|---|---|
| 全国 | 12 786.19 | 3 211.48 | 6 435.51 | 50.33 |
| 山西省 | 386.95 | 104.78 | 281.67 | 72.79 |
| 河南省 | 751.41 | 459.13 | 224.08 | 29.82 |
| 陕西省 | 293.43 | 84.39 | 196.43 | 66.94 |
| 甘肃省 | 520.95 | 145.53 | 375.00 | 71.98 |
| 宁夏回族自治区 | 119.54 | 38.15 | 65.99 | 55.20 |

国家统计局2010—2020年数据（表1-2），全国每年有3%以上的作物遭受旱灾，2011年最高，超过1/10的作物遭受旱灾；作物因旱灾绝收的比例在0.42%之上，2010年最高达到1.69%。

**表1-2　2010—2020年作物遭受旱灾情况**

| 年度 | 作物播种面积（$\times10^3$公顷） | 旱灾受灾情况 | | 旱灾绝收情况 | |
|---|---|---|---|---|---|
| | | 面积（$\times10^3$公顷） | 占比（%） | 面积（$\times10^3$公顷） | 占比（%） |
| 2020 | 167 487.14 | 5 081.00 | 3.03 | 704.50 | 0.42 |
| 2019 | 165 930.66 | 7 838.00 | 4.72 | 1 113.60 | 0.67 |

（续）

| 年度 | 作物播种面积（×10³ 公顷） | 旱灾受灾情况 | | 旱灾绝收情况 | |
|---|---|---|---|---|---|
| | | 面积（×10³ 公顷） | 占比（%） | 面积（×10³ 公顷） | 占比（%） |
| 2018 | 165 902.38 | 7 711.80 | 4.65 | 922.40 | 0.56 |
| 2017 | 166 331.91 | 9 874.80 | 5.94 | 752.40 | 0.45 |
| 2016 | 166 939.04 | 9 872.70 | 5.91 | 1 018.30 | 0.61 |
| 2015 | 166 829.28 | 10 609.70 | 6.36 | 1 046.10 | 0.63 |
| 2014 | 165 183.32 | 12 271.70 | 7.43 | 1 484.70 | 0.90 |
| 2013 | 163 702.25 | 14 100.40 | 8.61 | 1 416.10 | 0.87 |
| 2012 | 162 071.25 | 9 339.80 | 5.76 | 374.00 | 0.23 |
| 2011 | 160 360.38 | 16 304.20 | 10.17 | 1 505.40 | 0.94 |
| 2010 | 158 579.48 | 13 258.60 | 8.36 | 2 672.30 | 1.69 |

## 第二节　黄土旱塬区概况

黄土高原位于我国中部偏北部，为我国四大高原之一，具有悠久的旱地耕作栽培历史，是我国传统农业的发源地之一。黄土高原黄土面积 63.5 万千米$^2$，其中原生黄土 38.1 万千米$^2$、次生黄土 25.4 万千米$^2$。整个黄土高原地区，黄土塬的面积约为 6.5 万千米$^2$，占黄土高原总面积的 10%左右。黄土塬根据其面积大小和破碎程度，可分为黄土大塬、台塬、梁塬和残塬四种不同类型。黄土大塬顾名思义其面积较大，塬面宽阔，面积从几十到几百平方千米不等，典型的有董志塬、洛川塬等；黄土大塬总面积约为 2.82 万千米$^2$，占整个塬面面积的 43%。黄土台塬主要指渭河、汾河、黄河两岸阶地上堆积的黄土台地，地形起伏不大，较为平坦，面积宽广；黄土台塬总面积约为 1.93 万千米$^2$，占整个塬面面积的 30%。黄土台塬区主要分布在关中盆地、汾河谷地、豫西、晋南黄河沿岸。梁塬是指平坦的塬面受侵蚀作用的影响，被切割成条形；梁塬总面积约为 1.48 万千米$^2$，占整个塬面面积的 23%。残塬是指在强烈侵蚀作用下变得非常破碎的塬面，如果残塬进一步退化，黄土塬将彻底消失；残塬总面积约为 2 700 千米$^2$，约占整个塬面面积的 4%。黄土残塬在山西省的吉县、大宁、隰县一带分布较为广泛。其中渭北旱塬是指陕西省中部渭河冲积平原和陕北黄土高原之间的地区，位于东经 106°40′—110°40′、北纬 34°30′—35°50′，地跨渭南、咸阳、宝鸡、铜川、延安 5 地，包括蒲城、澄城、白水、韩城、合阳、富平、永寿、彬县、长武、旬邑、淳化、宝鸡、凤翔、陇县、千阳、麟游、铜川市郊区、耀县、宜君、富县、洛川、宜川、黄陵等 23 个县（区），土地面积 22 149 千米$^2$，占陕西省土地总面积的 12.2%。耕地占陕西省总耕地面积的 27.7%，耕地中旱地占 88%。黄土旱塬区是我国典型的雨养农业区，也是我国重要的粮食生产区之一，干旱成为农业生产发展的主要障碍因素，限制着土地生产力的充分发挥（金钊，2020）。

黄土旱塬地区具有典型的半干旱季风气候，黄土旱塬区的降水在年际间与年内分配极不均衡，年降水主要集中在 7—9 月，占总降水量的 50%以上。黄土高原地区属雨养农业区，地表水资源匮乏，灌溉面积仅限于川道地区，占耕地面积 10%左右。地下水埋藏较深，一般在 60 米以上，绝大部分农田水分靠降水供给，降水与农业生产息息相关。冬小麦是该地区主要的粮食作物，对于保障该区域粮食安全发挥着重要作用（黄志霖，2005）。降水是影响冬小麦生产的主要因素，加之近年来极端降水事件频发，冬小麦作为该地区主要的粮食作物常年受到干旱的胁迫，使得该地区冬小麦的产量长期处于不稳定状态。研究黄土旱塬区冬小麦品种演替中生产力的变化情况，对指导小麦生产有一定的实际意义。

## 第三节　我国小麦生产概况

在我国，小麦常年种植面积在 2 000 万公顷以上（马丁，2018）。2021 年我国农作物总播种面积 16 869.513 万公顷，粮食作物播种面积 11 763.082 万公顷，其中小麦播种面积 2 357 万公顷，占粮食作物播种面积的 20.03%。粮食产量 68 284.75 万吨，小麦产量 13 694.45 万吨，小麦产量占粮食产量的 20.05%。

我国小麦种植面积在 1949 年（2 151.5 万公顷）至 1957 年（2 754.1 万公顷）增长最快（图 1 - 1），此后 16 年间基本保持在 2 500 万公顷左右，到 1974 年种植面积恢复到 2 706.1 万公顷，此后持续增加，到 1990 年达最大值 3 075.3 万公顷，1991—1993 年维持在 3 000 万公顷（樊虎玲，2007）。1994—2021 年，种植面积波动下降，从 1994 年的 2 898 万公顷下降到了 2021 年的 2 357 万公顷。

1949—2021 年，小麦总产增加了 9.91 倍，年平均增长 168.67 万吨；1949—1954 年小麦总产以 13.8%的年平均增长率持续增长，总产达到了 2 335 万吨；此后 6 年总产一直在 2 210 万～2 480 万吨；1961—1963 年因自然灾害总产跌至 1 555 万～1 845 万吨；此后总产有所回升，1966 年达到 2 528 万吨；此后 32 年又稳步增长到 1997 年的最高值 12 328 万吨；其后总产呈现下降趋势，到 2003 年降至 8 649 万吨；2004 年和 2005 年又持续回升至 9 745 万吨（樊虎玲，2007）。2004—2021 年，小麦产量持续增长，出现“十八连丰”的趋势，到 2021 年小麦总产增至 13 639.45 万吨。

1949 年小麦单产为 642 千克/公顷，单产提高到 1965 年的 1 020 千克/公顷经历了 16 年；历时 14 年的时间到 1979 年单产提高到 2 136 千克/公顷；7 年后的 1986 年单产提高到 3 045 千克/公顷；11 年后的 1997 年达到了 4 101 千克/公顷；此后 6 年一直在 3 700 千克/公顷左右徘徊，到 2004 年上升到 4 252 千克/公顷；此后产量继续保持上升趋势，2021 年达到了历史最高 5 810.12 千克/公顷。

我国小麦 2021 年播种面积比 1997 年减少 648.669 万公顷，但总产量增加 1 366 万吨，单产增加了 1 708 千克/公顷。这“一减一增”，反映了科技的力量，农业作为弱质产业，“靠天种地”“靠天吃饭”的局面得到有效缓解。但随着人口的增加、耕地面积的减少以及生态环境的破坏，小麦产量提高靠增加种植面积的可能性很小，因此只能靠进一步提升小麦品种产量潜力来实现。粮食稳产增产，根本出路在科技，特别是种业科技上，通过开展种源“卡脖子”技术攻关，在基础性前沿性研究、种质资源收集保护和开发利用、生物育种产业化等方面多管齐下，进一步加强种源安全、育种能力建设（梁启东，2022）。

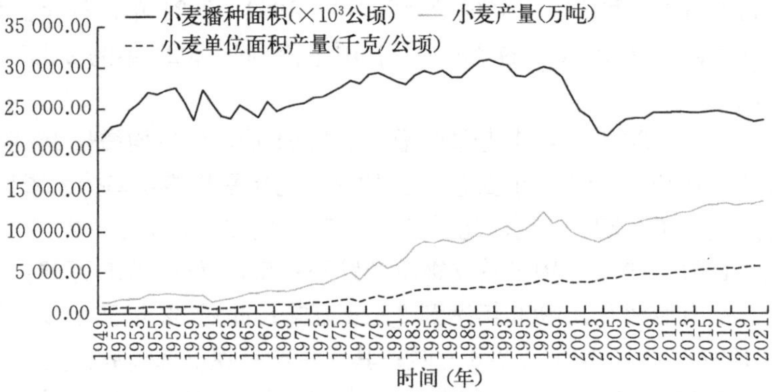


图 1-1　1949—2021 年中国小麦生产概况

## 第四节　小麦品种生产力演变研究概况

数据显示，到 2022 年年底我国小麦品种审定总数为 4 191 个。新中国成立以来，中国各麦区经历了 7～9 次大规模的品种更新换代（李润芳，2019），每次更新换代过程中，小麦农艺性状、生理特性和营养特性都在不断改变。

### 一、农艺性状演变研究进展

我国小麦育种经历了抗病育种、高产育种、高产与优质兼顾等发展阶段，小麦生产取得长足发展，单产和总产不断提高。每一阶段的育种目标不同，育成、推广的小麦品种性状也有差异。小麦品种性状的演变和育种进程是与现实需要密切相关的。通过分析品种更替中重要农艺特性的演替规律，寻找进一步进行遗传改良的可行途径，是农学研究的常用研究方法。20 世纪 50 年代至今，我国学者对小麦品种农艺性状演变进行了大量的研究。

吴兆苏等（1984）在对长江下游地区品种更替的研究中指出，新中国成立以来，该地区小麦的总产与单产都得到了大幅度的增长，就安徽淮南片而论，20 世纪 50 年代初期平均亩*产仅约 50 千克，80 年代已上升到 250 千克左右。

梁增基（1987）指出，随品种的不断改良，20 世纪 40—80 年代，初期每次增产 30%左右，以后每次也增产约 10%，若把品种退化使抗灾能力降低这一因素估计在内，则平均增产 15%以上；如果出现抗倒伏和抗病虫害品种，也还可以增产 20%～30%。

毕建杰（2006）对从新中国成立以来山东省主栽品种的农艺性状更替进行研究，结果表明：7 次更新换代，每次经济产量平均递增 4.85%；经济系数由 32.65%提高到 47.91%；千粒重由 33.53 克提高到 46.03 克，增幅为 37.3%；穗粒数呈现出逐步提高的总趋势，但不规律；单位面积穗数相对稳定；生物产量呈现先高后低趋势；株高由 116.3 厘米下降到目前的 77 厘米，降幅为 33.79%，每次更替穗下第 1、2、3、4、5 节分别缩短了 26.6%、44.1%、43.9%、47.5% 和 40.6%。

樊虎玲（2006）对 20 世纪 40 年代至 21 世纪初陕西小麦品种性状演变进行研究，结果表明：60 年间，关中地区小麦千粒重年平均改良率为 1.19%，产量年均提高率为 3.45%，收获指数提高了 2.5 倍，株高降低了 54.58%，年平均降低率为 0.91%；渭北旱塬千粒重年平均改良率为 1.06%，产量年提高率为 1.61%，收获指数提高了 2.4 倍，株高年平均降低率为 0.78%。

张平治（2009）通过对 1950—2008 年近 60 年来安徽省小麦主要推广品种种植面积、时间和使用情况进行研究，结果表明：安徽省品种更替的速度依然缓慢，要 9～11 年才更换一代。1949 年以

---

* 亩为非法定计量单位，1 亩=1/15 公顷。——编者注

来，播种面积由不足 200 万公顷 扩大到 230 万公顷以上。单产则由 600 千克/公顷左右上升至 4 950 千克/公顷以上；总产提高了近 10 倍。株高降低，品质改善，抗性增强等。

许晶晶（2010）对 20 世纪 40 年代至 21 世纪初的陕西小麦品种更替进行研究，结果表明：陕西关中地区在品种改良过程中，品种产量、千粒重和收获指数随育成年代的推移而有了大幅提升，株高将近缩短了一倍，年降幅为 0.79 厘米，穗长、小穗数、单株穗数和穗粒数随品种改良并未得到明显的提高。渭北旱塬在品种改良过程中，品种生物产量、成穗数均呈现波动的下降趋势，而穗粒数逐渐增加。

黄玲（2013）对 20 世纪 50 年代初至 2007 年河南中部不同年代主栽冬小麦品种进行研究，结果表明：随着品种的不断改良，冬小麦株高和节间缩短，千粒重、产量和收获指数明显提高。在不同水分处理下，冬小麦的株高降低幅度达到 5.6%～49.3%，穗下节降幅为 35.5%～38.3%，千粒重增幅为 63.0%～66.0%，籽粒产量增幅为 44.4%～58.3%，收获指数增幅为 17.9%～35.8%。品种改良提高了花前和花后干物质转运量、花前干物质转运率及贡献率。

张巧凤（2015）对江苏沿海地区小麦品种的演变进行研究，结果表明：淮北淮南麦区的小麦品种均大致经历了四次品种更新，地方品种已经全部被改良品种取代，主推品种始终以江苏省自主选育的品种为主，且随着时间的推移，占主推品种的比重越来越高；在淮北麦区，对其影响较大的主要是山东省和河南省的小麦品种。综合性状好、适应性广的品种维持时间长，推广面积大。株高的降低，千粒重、穗粒数及穗长的增加均对小麦品种的单产提高起到了一定的促进作用，培育兼抗多种病害的小麦品种可能是今后小麦育种需要关注的重要方向。

孙婴婴（2015）对 20 世纪 40 年代以来的陕西省旱地小麦品种产量及相关性状演化进行研究，结果表明：旱地冬小麦产量随种植年代的推移显著增加，从 3 278 千克/公顷增加到 5 356 千克/公顷，年均遗传增益 0.65%，增幅显著。千粒重和收获指数增加显著，直接促进了产量的提高，成熟期地上部生物量和单位面积籽粒数较为稳定。

刘新月（2015）对 1986—2014 年的黄淮旱地小麦品种产量性状演变进行研究，结果表明：近 30 年来，黄淮旱地小麦对照品种的千粒重和穗粒数有逐年缓慢上升的趋势，且年平均增加 1.57% 和 3.39%；有效穗数、株高、单位面积产量有缓慢下降的趋势，年平均下降 0.14%、0.16%和 1.29%。

陈旭（2016）对 20 世纪 40 年代至 21 世纪前 10 年的黄土旱塬区小麦品种生产力演变进行研究，结果表明：地区小麦籽粒产量增加了 7 倍，冬小麦成穗数、穗粒数和千粒重得到有效改良。

赵太宇（2017）对 20 世纪 50 年代以来淮北地区小麦品种性状演进研究，结果表明：淮北平原几乎每 10 年就完成一次品种更替，更替过程中小麦冬性比例减少，株高变矮，产量显著上升，抗病和耐肥能力增强。21 世纪前 10 年推广的品种与 20 世纪 70 年代以前相比，穗数减少 12.4%，穗粒数、千粒重、穗粒重分别增加 20.7%、19.3%、46.96%，株高降低 25.3%，基一节、基二节、倒二节、穗下节分别缩短 14.0%、35.4%、24.2%、24.9%。分蘖能力、成穗率和生育期没有明显变化。

张俊灵（2017）对 1986—2015 年北部冬麦区旱地小麦品种的演变规律进行研究，结果表明：28 年北部冬麦区旱地小麦品种产量呈逐年递增趋势，年平均遗传进展分别为 68.163 千克/公顷或 1.57%。主要农艺性状演变的总趋势：有效穗数和千粒重增加，穗粒数略有减少，株高降低，抽穗期和成熟期提前，灌浆期延长，其年平均遗传进展分别为 0.18%、0.26%、−0.03%、−0.26%、−0.12%、−0.05%、0.17%。

冯帆（2018）对 20 世纪 40 年代至今黄淮麦区小麦品种更替进行研究，结果表明：随着品种更替，单位面积穗数呈现出下降的趋势，而产量、穗粒数、千粒重、地上生物量和收获指数呈现极显著增加趋势，年均遗传增益分别为 0.65%、39%～50%、30%～

62%、0.11%和0.73%。

李润芳（2019）对20世纪60年代以来山东省主推小麦品种演变规律进行研究，结果表明：每次品种更替株高平均降低6.29厘米，千粒重平均增加1.26克。单茎经济产量和生物产量呈现先降低后升高的趋势，经济系数也呈现显著增加的趋势，每次品种更替平均增幅达到24.33%。然而，穗长、穗粒数、总小穗数和可孕小穗数在年代间没有明显的变化趋势。

李滢（2019）对20世纪40年代以来山东小麦品种更替进行研究，结果表明：随着小麦品种更替，亩穗数、植株生物量和籽粒产量显著增加，其中产量增加了3倍多；小麦株高、穗下节长、倒二节和倒三节长显著降低，分别降低50%、69%、24%和42%；旗叶、倒二叶和倒三叶叶面积没有发生显著变化；穗粒数显著增加而穗长缩短。千粒重和小麦整株干重与早年品种相比没有发生显著变化。

刘筱颖（2020）对20世纪70年代以来山西小麦育成品种农艺性状演变趋势进行研究，结果表明：随着品种更替，株高和穗下节呈降低趋势，分别由110～120厘米降至75～90厘米、35厘米降至25厘米。小穗数、穗粒数和千粒重等性状呈持续上升趋势，小穗数由18～20个增加到21～25个，穗粒数由30～40粒增加到40～50粒，穗长由8厘米增至10厘米。此外，抽穗期呈逐年缩短的趋势，其平均值由205.5天降到204.1天。旗叶长度变短，由高秆披叶变为矮秆直叶。

## 二、小麦抗旱节水性演变研究进展

水资源匮乏的我国西北地区是小麦主要种植区域，如何实现高效用水和作物高产已成为我国农业面临的重大挑战。作物产量不仅与物质生产有关，还取决于品种的生理生态特性的优劣。因此，深入研究小麦的生理生态特性对于实现旱地小麦高产栽培和水资源高效利用至关重要，也是理论基础。小麦的抗旱性是指其适应干旱环境的能力，评价小麦抗旱性的主要目的是培育能够在干旱条件下高产、稳产的品种，即具有较强抵御干旱的能力。国内外许多学者已经深入探讨了小麦抗旱性筛选的方法和指标，涉及小麦的外部形态、内部结构以及物质代谢等方面（许晶晶，2010）。然而，在小麦品种更替过程中，关于抗旱节水性演变规律的相关研究还相对较少。因此，进一步研究小麦品种在抗旱节水性方面的演变规律对于解决水资源匮乏问题具有重要意义。

许晶晶（2010）对20世纪40年代至21世纪初60多年来的陕西小麦品种的抗旱性进行研究，结果表明：随着陕西小麦品种更替，干旱降低了品种的产量，但对品种千粒重影响不大。干旱使得早期品种的有效分蘖数明显下降。在干旱条件下，近代品种的耗水量与正常水分处理的差异不如早期品种明显。品种的抗旱能力在逐步加强，抗旱能力成为近70年来陕西冬小麦品种选育的一个重要指标。

黄玲（2013）对20世纪50年代初至2007年河南中部不同年代主栽冬小麦品种水分利用特性进行研究，结果表明：近代品种的日均耗水强度、阶段耗水量和耗水模系数在拔节至开花阶段和开花至成熟阶段均表现出低于早期品种的趋势。近代品种的阶段耗水量、日均耗水强度和耗水模系数在拔节至开花期阶段低于早期品种，而在开花至成熟阶段高于早期品种。

冯帆（2018）对黄淮海麦区不同年代冬小麦品种的抗旱节水性进行研究，结果表明：品种改良过程中0～200厘米土层的根干重呈现出增加的趋势，0～100厘米土层根干重密度显著增加。生育后期干旱增加了现代品种在100～200厘米土层中的根干重密度，干旱促使现代品种的根系更多地向深处生长。农田耗水量随着品种更替未呈现明显变化；随着品种更替的进行，水分利用效率得到了显著的提升。

## 三、光合特性演变研究进展

光合作用的过程中，植物利用叶绿素吸收光能，并通过光合色素系统将光能转化为化学能。这个过程中产生的化学能被用于合成有机物质，如葡萄糖和淀粉。这些有机物质不仅为植物提供能量，也是小麦籽粒形成的主要物质来源。孙婴婴（2016）的研究结果显示，小麦籽粒中约60%的糖类化合物来自旗叶光合作用的累积。光合作用的效率受到多种因素的影响，包括光照强度、温度、水分和二氧化碳浓度等。要提高小麦的产量，我们需要关注叶片的生理特性，如气孔导度、净光合速率和冠层温度等，这些生理特性的变化与小麦产量的提升密切相关。因此，在小麦品种改良的过程中，研究小麦品种的光合性状变得越来越重要。通过探索光合特性的演变规律，我们可以更好地了解小麦植株的光合作用机制，从而进一步提高小麦的产量。

兰进好等（2003）以山东地区不同时期具有代表性的冬小麦品种为材料进行光合特性等方面的研究，结果得出：小麦品种演替过程中，旗叶净光合速率无显著变化，但其花后净光合速率峰值出现时间明显提前，且持续时间延长，叶片衰老较晚，以至于光合有效叶面积持续时间变长。旗叶光合能力和光合面积的同步协调改良是小麦产量持续增加的主要原因，而非光合能力的简单提高（王士红，2008）。

李莹（2020）对山东省不同年代小麦品种强光和弱光下的光合性能进行研究，研究发现：随着品种更替，由于株高和株型的改变，小麦叶片表面的累积光强逐渐降低，近年代小麦品种的光合机构发生明显改变以适应光环境的减弱。

毕建杰（2006）对从新中国成立以来山东省主栽品种的光合特性进行研究，结果表明：随着品种更替，旗叶的初始量子效率、平均光合速率、最大光合速率，随更替次数的递增呈增加趋势，暗呼吸速率变化不明显；群体光合速率总体上呈上升趋势，但提高幅度较小。

王义芹（2007）对黄淮冬麦区不同年代小麦品种旗叶的光合特性进行研究，结果表明：随着小麦品种的更替，旗叶的光合速率呈现逐步升高的趋势，特别是在灌浆后期这种趋势更显著。开花灌浆期旗叶净光合速率，近代品种始终高于早期品种。

许晶晶（2010）对20世纪40年代至21世纪初的陕西小麦品种的光合特性进行研究，结果表明：关中地区和渭北旱塬品种改良过程中生育后期旗叶光合速率呈递增趋势，近代品种无论是峰值还是持续时间都明显优于早期品种。

陈旭（2011）对渭北旱塬20世纪40年代至21世纪初的冬小麦品种更替中的光合特性进行研究，结果表明：随着渭北旱塬小麦品种的改良，不同品种生育后期旗叶净光合速率（Pn）呈递增趋势，现主推品种长旱58灌浆期光合速率（Pn）、蒸腾速率（Tr）、气孔导度（Gs）都处于较高水平，日均Pn达11.58微摩尔/(米$^2$·秒)，较40年代品种五指麦提高了3.75微摩尔/(米$^2$·秒)，增幅47.79%，日均Tr及Gs较五指麦增加了25.37%和42.84%。

彭芹（2012）对20世纪40年代以来山东小麦品种更替过程中光合特性的演变进行研究，结果表明：山东小麦品种更替过程中，叶片的光合能力提高，高光合持续期延长，收获指数（HI）和光能利用效率增加。

## 四、营养性状演变研究进展

在提高小麦单产的多个相关因素中，品种改良、化肥投入量增加、灌溉条件改善、栽培技术改进以及病虫害综合防治等起到了积极作用。不同条件下，这些因素对单产贡献率的大小有所差异，但品种改良和化肥投入量增加无疑是两个非常重要的因素。小麦在正常生长发育过程中需要吸收氮、磷、钾、钙、镁、硫等大中量元素，以及铁、锰、硼、锌、铜、钼等微量元素。其中，对氮、磷、钾三要素的需求量较大，土壤中往往供不应求，需要通过施肥来补充。然而，过多的化肥施用会造成资源浪费和环境污染（王树亮，2005）。21世纪我国农作物生产的目标是高效、优质、高产、低耗、无公害和可持续发展。低耗意味着在作物生产中应该节省投入，并尽可能获得较大而有效的效益回报，减少化肥和农药的过量使用。因此，通过品种改良选育对氮、磷、钾等矿质元素吸收利用率高的小麦新品种，是实现高产高效的重要途径。同时，在现有品种中筛选对矿质元素吸收利用率高、分配运转效率合理的高产高效品种，也是实现高产高效的重要途径。小麦栽培工作者对品种更替中小麦营养元素的吸收、分配、利用等方面也进行了大量研究。

张庆江等（1997）对春小麦不同生育时期不同器官全氮含量的研究表明：叶片是氮素扬花期以前主要的贮存场所，而生育后期氮素则大部分转移到籽粒中，且其主要的氮素来源是扬花期前各营养器官贮存的氮的再分配，占籽粒氮含量的53.0%～80.8%。

赵广才（2000）通过对8个高产小麦品种材料定期取样，测定生育期各器官氮素含量，其结果表明：不同生育时期叶片含氮量均最高，其次是茎秆和鞘，且随施氮量的逐渐提高，营养器官的氮素输出量也随之而增加。

樊虎玲（2006）对20世纪40年代至21世纪初陕西小麦品种营养特性演变进行研究，结果表明：陕西关中平原20世纪70年代以前的品种受栽培因素影响，产量和生物量随肥力波动明显，而现代推广品种稳定性较强。氮肥农学效率和氮肥生理效率随品种更替明显降低，氮肥利用率随品种更替表现为先增加后降低；农家种氮肥利用率、农学效率和生理效率均高于当前推广品种，施用氮肥对其增产效果明显，在较高肥力水平下，能获得较高的籽粒产量；当前品种对氮素依赖性减弱，单纯依靠肥料投入已不能实现高产，此时品种改良显得更为重要。

殷美（2008）对20世纪50年代以来的小麦品种碳氮物质积累与运转特性的差异进行研究，结果表明：现代小麦品种的花后干物质积累量、花后氮同化量及其产量贡献率显著高于早期的小麦品种，基部节间贮藏物质对产量的贡献增大，上部器官虽具有较高的积累量，但其对籽粒产量的贡献率降低。早期品种开花期植株氮素积累量占总氮素积累量的比例都显著高于现代品种。

连慧达（2020）对陕西省不同年代主栽旱地冬小麦品种对氮肥响应的差异进行研究，其结果表明：较高的氮肥施用量并不能显著提高小麦的氮肥利用效率，然而在过去80年旱地冬小麦品种改良进程中，在适量氮素施入状态下，现代冬小麦品种能够优化组织器官氮素分配，增加旗叶、穗部光合能力，提高光合作用，增加干物质积累，增强小麦水氮利用效率从而达到高产的效果；干旱低氮条件下，与老品种相比现代品种也能够维持较强的光合能力、降低蒸腾速率，最终提高了水分和氮肥利用效率，增加最终的产量。

刘国栋（1998）以典型磷高效基因型小麦为研究材料，通过田间测定试验表明，磷胁迫下，不同基因型小麦旗叶气孔导度差异显著，磷素利用效率高的品种普遍低于效率低的品种，叶片膜质百分量变化表现与之相同，说明磷素利用效率低的品种气孔导度偏大。

黄芳（2016）对陕西关中冬小麦品种演替过程产量和磷效率对土壤肥力水平的响应进行研究，结果表明：品种演替及合理施肥对作物产量有重要的贡献。陕西关中小麦品种更替单产水平逐步提高主要体现在高肥力（MNP）土壤上，单产提高主要与千粒重增加有关，此外，小偃 22 还与穗粒数增加有关，而西农 979 与穗数增加有关。同时，品种演替提高了磷生理效率和磷平衡指数，而不同的施肥水平下随着肥力水平提升以及养分投入增加，磷生理效率增加，磷平衡指数降低。品种演替对磷素表观平衡没有显著影响；单施有机肥或有机肥配合低量化肥各品种均表现为磷素亏缺，高量化肥配合有机肥磷素基本表观盈余或平衡。

王铮（2018）对陕西小麦品种改良过程中产量性状和养分利用特性及其生理响应机制进行研究，结果表明：品种改良过程中，产量以每年 0.46%速率增加，而氮素和磷素地上部吸收量没有显著变化，氮素收获指数也没有显著变化，而磷素收获指数的年增长率为 0.15%。因此，产量与地上部吸氮量之比、产量与地上部吸磷量之比同时以相似的速率增加（每年 0.40%），而籽粒氮素和磷素浓度每年分别以 0.47%和 0.31%的速率降低。在此过程中氮素营养指数（NNI）没有显著变化。

2

# 第二章 试验设计及研究方法

## 第一节 试验区域概况

试验地位于中国科学院长武黄土高原农业生态试验站（长武站），位于陕西省长武县洪家镇王东村。地理坐标为东经 107°41′、北纬 35°14′，海拔 1 225 米，东距西安市 200 千米。1986 年中国科学院水土保持研究所在实施“七五”农业科技攻关项目时，选取王东村及其相邻的丈六村建立王东试验示范区，面积 8.3 千米$^2$。试验示范区为黄土高原沟壑地貌，分为塬、土梁、沟三大类型，其面积分别占总土地的 35％、35.5％、29.5％。土壤为黑垆土，母质是深厚的中壤质马兰黄土，土体疏松、通透性好，具有良好“土壤水库”效应。王东试验示范区人口密度已达到 300 人/千米$^2$，属黄土高原人口高密度区。1986 年科技攻关之初，人均收入 230 元，粮食亩产 186 千克，年人均粮食不足 300 千克。通过 20 多年的建设，长武站已建成了由研究试验场和观测场组成的比较完整的试验观测体系，形成从农田—小流域—区域三个层面不同立地条件和利用类型上的试验监测分布格局。经过 20 多年综合治理，王东试验示范区农村面貌发生了巨大变化，粮食生产持续发展，农村产业结构发生重大变化，低等级沟坡土地资源得到高效开发利用，水土保持措施配置进一步优化，水土流失量大幅减少等。

试验站属暖温带半湿润大陆偏旱气候，年均降水 580 毫米，日常平均气温 9.2 ℃±2.3 ℃，年均气温 9.1 ℃，无霜期 171 天，地下水位50～80米。该区作物一年一熟，农业生产主要依靠天然降水，1990—2014年平均降水578毫米±69毫米，55%降水集中在7—9月。黄土旱塬区1972—2008年间，小麦平水年出现15次，占40.5%；干旱年和丰水年均出现11次，占29.7%。小麦生育期和休闲期降水量有很大浮动，年降水量最高出现在2004年，最低出现在1995年；生育期最高降水量出现在1983年，最低出现在1999年；休闲期最高降水量出现在2004年，最低出现在1995年。

对试验年的小麦生育期逐月进行气温和降水数据的测量，2007和2008试验年生育期降水量分别为338.9毫米、288.8毫米。2013试验年为明显干旱年，2013试验年总降水量为214.4毫米，较2014试验年和长期平均降水分别低154.8毫米和142.4毫米；在营养生长和向生殖生长的过渡阶段（2—5月）降水量仅有40毫米，分别较2014试验年和长期平均降水低73%和67%。2013试验年拔节期、扬花期和成熟期0～100毫米土层含水量分别较2014试验年低22%、13%和18%。

## 第二节　试验方法与设计

本研究设置黄土旱塬区小麦在不同降水年型、不同氮肥水平、相同肥力条件3个维度的品种生产力演变试验，研究黄土旱塬区冬小麦品种演替中生产力的变化情况，对小麦生产提供理论支撑。

### 一、不同降水年型小麦品种生产力演变试验

选取1972—2008年间长武试验站种植的223个品种的区域试验数据，结合长武县气象局提供的降水量数据，从平水年、干旱年、丰水年（郝明德，2004）三个不同降水年型，及小麦休闲期、小麦生育期两个不同时期的降水对产量及其要素进行研究，探明产量及构成因素对不同降水年型的响应。

## 二、不同氮肥条件小麦品种生产力演变试验

试验于2010—2011年进行，选取五指麦、碧蚂1号、陕农1号、丰产3号、郑州24、长武702、秦麦4号、长武131、长武134、长旱58等10个品种在不同氮肥水平下种植，设低肥、中肥、高肥3个氮肥层次5个氮肥处理，对其农艺性状、光合特性、营养特性进行研究，探讨品种生产力演变规律及氮肥对品种生产力演变的影响。采用田间小区种植方法，以田间观测和实验室样品分析为主，采用随机区组设计，设CK、N1、N2、N3和N4（纯氮：0、60千克/公顷、120千克/公顷、180千克/公顷、240千克/公顷；纯磷统一为75千克/公顷）5个水平，其中N1属于低肥处理，N2、N3属于中肥处理，N4属于高肥处理，重复3次。氮肥用尿素，磷肥用过磷酸钙。试验地耕层土壤有机质含量为0.90克/千克，全氮0.85克/千克，碱解氮46.98毫克/千克，全磷0.70克/千克，有效磷10.98毫克/千克，速效钾119.84毫克/千克。

## 三、相同肥力条件小麦品种生产力演变试验

**1. 相同肥力条件小麦品种干物质积累与分配、营养特性及土壤水分消耗动态试验**

试验于2012—2013两个试验年进行。选取五指麦、碧蚂1号、陕农1号、丰产3号、长武702、秦麦4号、长武131、长武134、长旱58等9个品种在同一肥力条件下种植，利用干旱年型的胁迫处理，研究小麦品种更替过程中干物质累积和分配对干旱胁迫的响应机制、花后不同时期氮磷钾养分吸收与分配变化特征、不同年代小麦品种土壤储水量随降水量的动态变化过程。试验为随机区组设计，重复3次，小区面积8.75米$^2$，行距0.2米，播种量135千克/公顷，施N 150千克/公顷、$P_2O_5$ 75千克/公顷，田间管理同大田。

**2. 相同肥力条件小麦品种光合特性演变试验**

试验于2007—2008两个试验年进行，试验选用了五指麦、红

秃麦、碧蚂1号、郑州24、丰产3号、长武131、长武134和长旱58等8个品种在同一肥力条件下种植，对其光合特性演变规律进行研究，来检验光合作用与产量之间的关系。试验为随机区组设计，重复3次，小区面积8.75米$^2$，行距0.2米，播种量135千克/公顷，施N 150千克/公顷、$P_2O_5$ 75千克/公顷，田间管理同大田。

## 第三节 试验品种

自20世纪50年代以来，中国科学院长武黄土高原农业生态试验站（长武站）所在的长武县主栽作物先后经历了几次品种更新，在生产中应用的品种近70个。随着品种更新，产量水平、品质都有所提高，特别是当地选育的小麦良种的推广，有力地促进了小麦生产。1950—1953年生产上以农家种五指麦、红秃麦为主，全县平均亩产量在50千克左右，1954年引入碧蚂1号，成为主栽品种，使小麦进行了第一次品种更新，平均亩产76千克，比1950—1953年提高了50.7%。20世纪50—60年代，碧蚂1号在此区域广泛种植，但秆既高又细软，抗病抗旱抗倒能力差，产量很难得到提高。1957年以后，由于碧蚂1号严重感染条锈病而逐步被淘汰。20世纪50年代末至60年代初从华北、关中地区引入了北京8号、农大183、石家庄407、陕农1号、陕农2号等一批新品种，1964年以后陕农1号、陕农2号、长选一号、白大头成为主栽品种，标志着品种的第二次更新，平均亩产78千克，比1954—1957年提高了2.2%。1974年以后，长武县农业科学研究所选育的新品种长武702、长武404成为主栽品种，进行了第三次品种大更新，平均亩产121千克，比1965—1974年提高了55.7%，作为当时的主栽品种在咸阳北部、黄陵和甘肃的平凉、天水等地区推广，咸阳北部覆盖率达45%，累计种植40万公顷以上。1979年，由长武702的姊妹系长武7122作母本、长武251作父本的秦麦4号育成，推广范围扩大到铜川、宝鸡北部和延安、甘肃庆阳南部，陕、甘两省六地市年种植面积达 100 多万亩，为甘肃旱地小麦种植面积最大的品种，并成为阻隔小麦条锈病南北传播的重要品种。1985 年，长武 131 育成，成为旱塬地区第一个矮秆高产抗旱品种，成功解决了矮秆抗倒高产与抗旱稳产的矛盾。20 世纪 90 年代初推广长武 134，完成小麦品种由瘠薄型向旱肥型、由旱肥型向旱肥高产型转变。2004 年丰产稳产性好的长旱 58 通过国审，2008 年推广面积达 312 万亩，现已广泛种植。

本研究选用了五指麦、红秃麦、碧蚂 1 号、陕农 1 号、丰产 3 号、郑州 24、长武 702、秦麦 4 号、长武 131、长武 134、长旱 58 等 11 个黄土旱塬区 20 世纪 50 年代至今不同历史时期的主栽品种进行研究。

## 第四节　测定项目及测定方法

### 一、农艺性状测量

小麦成熟后计各小区生物重和籽粒产量，计算产量和收获指数。选择各处理具有代表性的均匀长势的植株进行室内考种，测定植株个体性状，包括株高、单株成穗数、穗长、小穗数、穗粒数、穗粒重、千粒重、旗叶长等农艺指标。

### 二、光合指标测定

本试验选取各品种不同处理的旗叶各生育时期，用美国 CID 公司生产的 CID－340 便携式型光合测定仪，测定小麦旗叶的光合参数。在返青期、拔节期、抽穗期、灌浆期和成熟期选取生长一致，有代表性的小麦植株挂牌确定样株，在上午 9:00—11:00 对旗叶的中部进行光合速率测定，测定时大气 $CO_2$浓度为 360～400 微摩尔/(米$^2$ · 秒)，流量 400 毫升/分钟，测定时采用仪器配备的内置人工光源，辐射通量密度为 1 000～1 200 微摩尔/(米$^2$ · 秒)，相对湿度 60%～80%。主要测定指标有小麦旗叶的光合速率 Pn［微摩尔/(米$^2$ · 秒)］、气孔导度 Gs 和蒸腾速率 Tr［毫摩尔/(米$^2$ · 秒)］等光合生理性状指标，计算出叶片瞬时水分利用效率 WUE（Pn/Tr）。

## 三、营养特性指标测定

不同生育期田间采植株样，在 90 ℃条件下杀青 30 分钟，然后置于 60 ℃恒温下烘干至恒重，记录干重。磨碎过筛，称样，用 $H_2SO_4-H_2O_2$ 法进行消煮，含氮量用半微量凯氏定氮法测定，含磷量用钼黄法测定，含钾量用原子吸收法测定。

## 四、干物质运移试验

扬花期选择同一天开花的品种采集样品，之后每隔 7 天重复取样一次，每次 10 株。将植株分离为叶片、茎秆和穗，放入 105 ℃烘箱内杀青 60 分钟，降温至 80 ℃下烘干至恒重，取出称重。计算干物质运移量（DMT，克/株）、干物质运移效率（$DMT_e$,%）与花前同化物对籽粒贡献度（CPA,%）。

## 五、灌浆参数测定

扬花期选择同一天开花的品种采集样品，之后每隔 7 天重复取样一次，每次 10 穗。放入 105 ℃烘箱内杀青 60 分钟，降温至 80 ℃下烘干至恒重，剥出籽粒称重。用 CurveExpert 1.4 软件模拟灌浆过程，得出灌浆参数，并以此计算灌浆次级参数，用 Logistic 方程拟合扬花后籽粒干重变化。

3

# 第三章 不同降水年型小麦品种生产力演变

黄土旱塬区处于半干旱雨养农业区，自然灾害频繁，其中以干旱危害最大。水分环境的不稳定使得该地区小麦高产稳产面临更严峻的考验。研究表明，干旱胁迫会限制冬小麦生长，显著降低成穗数、单株穗粒数和千粒重等产量构成因素，同时改变根冠干物质分配，降低植株的株高和地上部生物量。结合该地区1972—2008年冬小麦品种区域试验数据，研究不同降水年型的产量及与构成因素的相关性变化，探明产量及构成因素对不同降水年型的响应，为实现该地区冬小麦增产稳产提供理论支持。

## 第一节 不同降水年型籽粒产量性状演变

### 一、籽粒产量

综合不同降水年型内小麦籽粒产量，所有品种平水年平均产量为4 311.9千克/公顷（表3-1），丰水年为4 361.0千克/公顷，明显高于干旱年的3 641.6千克/公顷（表3-2、表3-3）。1972—2008年间总体平均产量为4 127.2千克/公顷，其中最高为2008年，产量为6 202.5千克/公顷，最低为1973年，产量为2 901.0千克/公顷，提高约114%，年均遗传增益达到57.3千克/公顷。不同降水年型内，丰水年年遗传增益最高为79.9千克/公顷，平水年次之，干旱年最低。而在干旱年内，尽管产量仍有随品种更替而增加的趋势，但其年均增益仅为27.8千克/公顷，至1996年以后，其产量才明显高于年平均产量。

试验小区内由于没有灌溉和深层地下水补充，且不同小区单独间隔，自然降水成为每个小区水分的唯一来源，因此降水利用效率可用来衡量和评价试验内所用小麦每消耗单位降水量生产干物质的量。结果显示：不同降水年型内降水利用效率差异明显，干旱年最高，较最低的丰水年高40%。由于不同年份间品种更换较多，数据误差相对较大，年份间降水利用效率差异较大。但就整体来说，随年份的推进，降水利用效率逐渐增加，其中20世纪70年代和80年代相同，均为6.2千克/毫米，而90年代和2000年以后则分别增高至为8.3千克/毫米和8.7千克/毫米。

## 二、产量构成因素

综合多年平均数据，在不同降水年型内，平水年和干旱年内平均成穗数差异较小，仅相差1.9%，而丰水年则增加明显，较平水年和干旱年平均增加5.7%。但平水年和丰水年内成穗数随品种种植年份呈波动式下降，而干旱年份成穗数则总体呈增加趋势，从侧面反映出小麦随品种的更替抗旱能力在逐渐加强（表3-1至表3-3）。不同降水年型间单株穗粒数则基本稳定，丰水年最高，较最低的干旱年仅高出7.5%。成穗数和单株穗粒数两个因素共同构成了单位面积总穗粒数，将两个因素综合为单位面积总穗粒数后，丰水年表现最高，分别较平水年和干旱年增加6.6%和13.1%。但该地区冬小麦品种更替过程中，干旱年总穗粒数却得到有效改善，年遗传增益达到$0.846\times10^{6}$粒/公顷，远高于平水年和丰水年。

千粒重作为产量构成三要素之一，是检验籽粒质量和田间预测产量时的重要依据。本研究中，平均千粒重最高出现在丰水年，随着品种推广种植年份呈极显著线性增加，年遗传增益达到0.582克。

**表 3-1 平水年冬小麦产量结构性状变化**

| 年份 | 年降水量（毫米） | 生育期降水量（毫米） | 增减（%） | 休闲期降水量（毫米） | 增减（%） | 株高（厘米） | 成穗数（$\times 10^4$ 穗/公顷） | 单株穗粒数（粒） | 总穗粒数（$\times 10^6$ 粒/公顷） | 千粒重（克） | 产量（千克/公顷） | 降水利用效率（千克/毫米） |
|---|---|---|---|---|---|---|---|---|---|---|---|---|
| 1975 | 619.0 | 307.3 | 13.8 | 311.7 | 0.5 | 112.2 | 587.5 | 22.5 | 132.2 | 35.6 | 3 397.5 | 5.5 |
| 1978 | 548.3 | 296.1 | 9.7 | 252.2 | −18.7 | 91.4 | 579.0 | 21.6 | 125.1 | 35.3 | 3 383.0 | 6.2 |
| 1979 | 536.9 | 178.3 | −34.0 | 358.6 | 15.6 | 90.6 | 518.5 | 23.4 | 121.3 | 38.6 | 3 471.0 | 6.5 |
| 1981 | 546.7 | 190.4 | −29.5 | 356.3 | 14.9 | 98.3 | 570.0 | 25.5 | 145.4 | 34.9 | 3 426.5 | 6.3 |
| 1986 | 599.5 | 280.5 | 3.9 | 319.0 | 2.9 | 96.0 | 618.0 | 20.4 | 126.1 | 34.9 | 4 080.0 | 6.8 |
| 1988 | 558.3 | 324.9 | 20.3 | 233.4 | −24.7 | 96.5 | 501.0 | 20.0 | 100.2 | 37.0 | 4 003.5 | 7.2 |
| 1990 | 558.2 | 273.2 | 1.2 | 285.0 | −8.1 | 100.9 | 514.5 | 26.9 | 138.4 | 39.4 | 4 211.0 | 7.5 |
| 1993 | 616.8 | 270.7 | 0.3 | 346.1 | 11.6 | 86.2 | 628.5 | 24.0 | 150.8 | 40.2 | 4 145.0 | 6.7 |
| 1994 | 575.9 | 308.9 | 14.4 | 267.0 | −13.9 | 83.4 | 486.0 | 26.2 | 127.3 | 37.6 | 4 202.0 | 7.3 |
| 1997 | 594.5 | 223.3 | −17.3 | 371.2 | 19.7 | 87.9 | 528.0 | 29.0 | 153.1 | 40.3 | 4 907.5 | 8.3 |
| 1998 | 596.2 | 326.9 | 21.1 | 269.3 | −13.2 | 82.9 | 438.0 | 29.1 | 127.5 | 42.1 | 4 976.0 | 8.3 |
| 1999 | 574.4 | 246.6 | −8.7 | 327.8 | 5.7 | 92.5 | 433.5 | 29.6 | 128.3 | 41.7 | 4 984.5 | 8.7 |
| 2000 | 568.4 | 367.6 | 36.1 | 200.8 | −35.2 | 75.6 | 496.5 | 26.0 | 129.1 | 43.0 | 5 206.5 | 9.2 |
| 2005 | 524.6 | 215.1 | −20.3 | 309.5 | −0.2 | 77.0 | 441.5 | 28.5 | 125.8 | 45.1 | 5 010.5 | 9.6 |
| 2006 | 528.5 | 229.2 | −15.1 | 299.3 | −3.5 | 67.8 | 489.0 | 26.0 | 127.1 | 46.5 | 5 274.5 | 10.0 |
| 平均 | 569.7 | 269.3 | −0.3 | 300.5 | −3.1 | 89.3 | 522.0 | 25.2 | 130.5 | 39.5 | 4 311.9 | 7.6 |
| 年遗传增益 | | | | | | −0.903 | −4.128 | 0.218 | 0.080 | 0.333 | 68.070 | 0.129 |
| $R^2$ | | | | | | 0.641* | 0.421 | 0.462 | 0.004 | 0.795** | 0.924** | 0.904** |

注：* 代表 0.05 水平上线性关系显著； ** 代表 0.01 水平上线性关系显著。下同。

表 3-2 干旱年冬小麦产量结构性状变化

| 年份 | 年降水量（毫米） | 生育期降水量（毫米） | 增减（%） | 休闲期降水量（毫米） | 增减（%） | 株高（厘米） | 成穗数（×10⁴ 穗/公顷） | 单株穗粒数（粒） | 总穗粒数（×10⁶ 粒/公顷） | 千粒重（克） | 产量（千克/公顷） | 降水利用效率（千克/毫米） |
|---|---|---|---|---|---|---|---|---|---|---|---|---|
| 1972 | 461.1 | 308.5 | 14.3 | 152.6 | −50.8 | 91.0 | 528.0 | 23.6 | 124.6 | 31.6 | 3 417.0 | 7.4 |
| 1973 | 400.5 | 209.2 | −22.5 | 191.3 | −38.8 | 90.3 | 438.0 | 21.1 | 92.4 | 29.7 | 2 901.0 | 7.2 |
| 1977 | 488.9 | 140.2 | −48.1 | 348.7 | 12.4 | 91.5 | 423.0 | 24.4 | 103.2 | 37.3 | 3 643.5 | 7.5 |
| 1980 | 448.1 | 193.3 | −28.4 | 254.8 | −17.8 | 92.7 | 476.5 | 25.7 | 122.5 | 35.3 | 3 210.0 | 7.2 |
| 1987 | 480.5 | 277.8 | 2.9 | 202.7 | −34.6 | 91.7 | 597.0 | 22.9 | 136.7 | 36.6 | 3 679.5 | 7.7 |
| 1992 | 362.2 | 215.2 | −20.3 | 147.0 | −52.6 | 98.1 | 522.0 | 22.3 | 116.4 | 35.3 | 3 402.0 | 9.4 |
| 1995 | 318.4 | 178.2 | −34.0 | 140.2 | −54.8 | 82.4 | 529.5 | 26.5 | 140.3 | 36.6 | 3 337.5 | 10.5 |
| 1996 | 448.5 | 273.7 | 1.4 | 174.8 | −43.6 | 58.5 | 487.0 | 19.5 | 95.0 | 35.1 | 3 948.0 | 8.8 |
| 2001 | 435.8 | 283.4 | 5.0 | 152.4 | −50.9 | 76.9 | 561.0 | 26.0 | 145.9 | 35.2 | 4 107.0 | 9.4 |
| 2003 | 479.5 | 294.9 | 9.2 | 184.6 | −40.5 | 81.8 | 549.0 | 26.0 | 142.7 | 38.3 | 4 251.5 | 8.9 |
| 2007 | 496.2 | 163.2 | −39.6 | 333.0 | 7.4 | 62.6 | 523.5 | 25.4 | 133.0 | 39.8 | 4 161.0 | 8.4 |
| 平均 | 438.2 | 230.7 | −14.6 | 207.5 | −33.1 | 83.4 | 512.2 | 23.9 | 123.0 | 35.5 | 3 641.6 | 8.4 |
| 年遗传增益 | | | | | | −0.685 | 2.222 | 0.060 | 0.846 | 0.165 | 27.786 | 0.063 |
| $R^2$ | | | | | | 0.437 | 0.279 | 0.104 | 0.300 | 0.516 | 0.626* | 0.502 |

**表 3-3　丰水年冬小麦产量结构性状变化**

| 年份 | 年降水量（毫米） | 生育期降水量（毫米） | 增减（%） | 休闲期降水量（毫米） | 增减（%） | 株高（厘米） | 成穗数（$\times10^4$ 穗/公顷） | 单株穗粒数（粒） | 总穗粒数（$\times10^6$ 粒/公顷） | 千粒重（克） | 产量（千克/公顷） | 降水利用效率（千克/毫米） |
|---|---|---|---|---|---|---|---|---|---|---|---|---|
| 1974 | 747.6 | 332.3 | 23.1 | 415.3 | 33.9 | 95.5 | 547.5 | 24.1 | 131.9 | 31.5 | 3 534.0 | 4.7 |
| 1976 | 841.1 | 358.1 | 32.6 | 483.0 | 55.8 | 110.1 | 502.5 | 28.6 | 143.7 | 33.9 | 3 721.5 | 4.4 |
| 1982 | 639.6 | 156.5 | −42.0 | 483.1 | 55.8 | 110.0 | 525.0 | 26.1 | 137.0 | 38.4 | 3 291.0 | 5.1 |
| 1983 | 735.7 | 424.5 | 57.2 | 311.2 | 0.4 | 108.9 | 610.5 | 22.7 | 138.6 | 34.2 | 3 412.5 | 4.6 |
| 1984 | 708.3 | 376.3 | 39.4 | 332.0 | 7.1 | 98.6 | 543.0 | 23.4 | 127.1 | 39.8 | 3 679.5 | 5.2 |
| 1985 | 674.1 | 294.6 | 9.1 | 379.5 | 22.4 | 78.8 | 541.5 | 23.3 | 126.2 | 35.7 | 4 252.5 | 6.3 |
| 1989 | 784.3 | 268.1 | −0.7 | 516.2 | 66.5 | 106.7 | 610.5 | 24.4 | 149.0 | 40.4 | 4 452.0 | 5.7 |
| 1991 | 665.5 | 272.7 | 1.0 | 392.8 | 26.7 | 101.8 | 547.5 | 24.0 | 131.4 | 42.4 | 4 676.5 | 7.0 |
| 2002 | 674.6 | 361.1 | 33.7 | 313.5 | 1.1 | 91.6 | 532.5 | 25.9 | 137.9 | 49.9 | 5 146.5 | 7.6 |
| 2004 | 890.7 | 266.7 | −1.2 | 624.0 | 101.2 | 64.7 | 508.5 | 30.8 | 156.6 | 50.6 | 5 602.5 | 6.3 |
| 2008 | 658.3 | 313.9 | 16.3 | 344.4 | 11.1 | 80.9 | 519.0 | 29.1 | 151.0 | 49.5 | 6 202.5 | 9.4 |
| 平均 | 729.1 | 311.3 | 15.3 | 417.7 | 34.7 | 95.2 | 544.4 | 25.7 | 139.1 | 40.6 | 4 361.0 | 6.0 |
| 年遗传增益 | | | | | | −0.859 | −0.714 | 0.127 | 0.497 | 0.582 | 79.908 | 0.117 |
| $R^2$ | | | | | | 0.422 | 0.050 | 0.283 | 0.317 | 0.928** | 0.881** | 0.756** |

尽管干旱年千粒重随品种的更替呈波动增加趋势，但其变化趋势较小，年遗传增益只有 0.165 克。平水年千粒重年遗传增益较干旱年明显提高，但较丰水年仍低 42.8%。由于平水年主要集中在 1985 年以后，品种千粒重此时已得到有效增加，而干旱年份和丰水年份分布则相对接近，因此可以看出该地区水分对于千粒重的影响相对较大，丰水年产量的提高更多是因为千粒重的提高。

不同降水年型小麦株高在品种更替中均逐渐下降，干旱年小麦株高表现最低，平水年次之，丰水年最高，可见水分亏缺对株高也有较大的影响。平水年株高随小麦品种的更替均出现显著降低，而丰水年和干旱年则无显著变化，这可能也与品种演替中降水分布年份有关。

## 三、产量构成因素与产量的关系

作物产量与不同农艺性状密切相关，是产量构成因素的直接体现。不同降水年型产量与产量构成因素之间的相关关系不同（表 3－4）。平水年产量与千粒重、单株穗粒数呈显著正相关，与成穗数和株高呈极显著负相关；千粒重与单株穗粒数呈极显著正相关，而与成穗数和株高同产量相同，均呈极显著负相关；总穗粒数和休闲期降水量呈正相关，单株穗粒数则与成穗数呈极显著负相关。干旱年和丰水年产量与农艺性状的相关关系表现相同，与千粒重呈显著正相关，而与株高呈显著负相关；干旱年和丰水年内休闲期降水量和生育期降水量对产量及农艺性状的影响均不显著。丰水年单株穗粒数与成穗数的关系表现为显著负相关。

**表 3-4　1972—2008 年间不同年代冬小麦品种在平水年、干旱年和丰水年内平均产量构成、降水量和平均产量的相关性**

| | 项目 | 千粒重 | 总穗粒数 | 单株穗粒数 | 成穗数 | 株高 | 休闲期降水量 | 生育期降水量 | 年降水量 |
|---|---|---|---|---|---|---|---|---|---|
| 平水年 | 产量 | 0.876** | 0.054 | 0.687* | −0.656** | −0.734** | −0.195 | 0.129 | −0.083 |
| | 千粒重 | | 0.034 | 0.659** | −0.657** | −0.797** | −0.095 | −0.092 | −0.317 |
| | 总穗粒数 | | | 0.431 | 0.360 | 0.039 | 0.583* | −0.319 | 0.372 |
| | 单株穗粒数 | | | | −0.681** | −0.417 | 0.191 | −0.223 | −0.091 |
| | 成穗数 | | | | | 0.472 | 0.284 | −0.016 | 0.430 |
| | 株高 | | | | | | 0.223 | 0.022 | 0.401 |
| | 休闲期降水量 | | | | | | | −0.833** | 0.127 |
| | 生育期降水量 | | | | | | | | 0.444 |
| 干旱年 | 产量 | 0.702* | 0.464 | 0.263 | 0.447 | −0.649* | 0.171 | 0.304 | 0.540 |
| | 千粒重 | | 0.502 | 0.515 | 0.319 | −0.367 | 0.473 | −0.287 | 0.318 |
| | 总穗粒数 | | | 0.787** | 0.818** | −0.022 | −0.198 | 0.269 | 0.022 |
| | 单株穗粒数 | | | | 0.291 | 0.089 | 0.186 | −0.208 | 0.026 |
| | 成穗数 | | | | | −0.090 | −0.455 | 0.596 | 0.029 |

（续）

| 项目 | | 千粒重 | 总穗粒数 | 单株穗粒数 | 成穗数 | 株高 | 休闲期降水量 | 生育期降水量 | 年降水量 |
|---|---|---|---|---|---|---|---|---|---|
| 干旱年 | 株高 | | | | | | −0.128 | −0.071 | −0.242 |
| | 休闲期降水量 | | | | | | | −0.658* | 0.618* |
| | 生育期降水量 | | | | | | | | 0.185 |
| 丰水年 | 产量 | 0.881** | 0.588 | 0.606* | −0.318 | −0.716* | 0.099 | −0.085 | 0.045 |
| | 千粒重 | | 0.542 | 0.580 | −0.331 | −0.589 | 0.112 | −0.179 | −0.022 |
| | 总穗粒数 | | | 0.792** | −0.124 | −0.294 | 0.586 | −0.164 | 0.571 |
| | 单株穗粒数 | | | | −0.702* | −0.474 | 0.569 | −0.254 | 0.469 |
| | 成穗数 | | | | | 0.431 | −0.244 | 0.251 | −0.075 |
| | 株高 | | | | | | −0.209 | 0.079 | −0.185 |
| | 休闲期降水量 | | | | | | | −0.590 | 0.697* |
| | 生育期降水量 | | | | | | | | 0.168 |

## 第二节 小　　结

1972—2008 年间，黄土旱塬区育种技术的不断发展促使冬小麦成穗数、穗粒数和千粒重得到有效改良，产量显著提高。产量的显著提高与千粒重的增加呈显著正相关关系。1972—2008 年间旱地冬小麦年平均产量为 4 127.2 千克/公顷，总体年均遗传增益为 57.3 千克/公顷，远低于国内其他地区和其他国家的数据；单位面积总穗粒数尽管在品种改良中呈波动性变化，但其遗传增益较小，与籽粒产量之间有一定正相关关系，丰水年表现最高。该地区年度和季节性降水波动幅度大，导致小麦产量随之大面积波动，且波动无法消除，旱作农业的不断发展只能使得产量在较高的水平上波动。同时，随着品种的更替，小麦产量尽管得到显著提高，但相比国内外其他地区，这一增幅仍不够大。因此，应当继续增加单位面积总穗粒数和千粒重，提高小麦库容，改善干物质分配比例，进一步提高黄土旱塬区旱地冬小麦产量。

4

# 第四章

# 相同肥力条件小麦品种干物质累积与分配演变

作物干物质积累受控于多种栽培因素，其中干旱在全球范围内都是主要降低产量的因素。全世界每年50%～70%的国家粮食生产面临着干旱的侵扰（Trethowan and Pfeiffer，2000）。随全球气温的变化，小麦生育期总降水量与降水分布已经越来越受到影响，尤其是半干旱雨养农业区。该地区小麦营养生长和生殖生长阶段均受到干旱的胁迫，其中花后水分胁迫影响最大，因为70%～95%的产量来自花后同化物积累。谷物育种学家经常倾向于选用在不同环境下拥有稳定产量的作物品种。Blum和Sullivan（1997）研究表明，干旱胁迫使得矮秆小麦抵御耕层干旱能力更强，而相对较大的小麦品种则拥有较高的产量和地上部生物量，因为其产量潜力更高。提高干物质积累量可以成为一种有效提高农艺管理措施的手段。然而，不同株型小麦适应胁迫的机理表现不同，所以对特定区域小麦对干旱胁迫的响应需要进一步去研究。本研究利用干旱年型的水分胁迫条件，探索小麦品种更替过程中干物质累积和分配对干旱胁迫的响应机制，并明确干旱环境内灌浆特性的变化特征。

# 第一节　小麦品种茎叶花后干物质量与分配演变

## 一、干物质量

花后叶片干物质量随时间变化显著，不同品种间表现不同（图 4-1）。花后 21 天之前变化相对较为一致，至成熟期则急剧下降。干旱胁迫使得不同年代品种叶片干物质量显著降低，早期品种与中期品种变化相似，分别较现代品种降低 25%和 23%。适宜条件下不同年代品种茎秆花后干物质量随时间变化相似，花后 7 天达到最大值，至成熟期逐渐降低。受干旱胁迫影响，除花后 7 天之前，不同年代品种间变化各异，花后 28 天后，均急剧下降。现代品种较之前品种花后干物质总量显著增加，而总体上中期品种花后叶片和茎秆干物质量则最低。

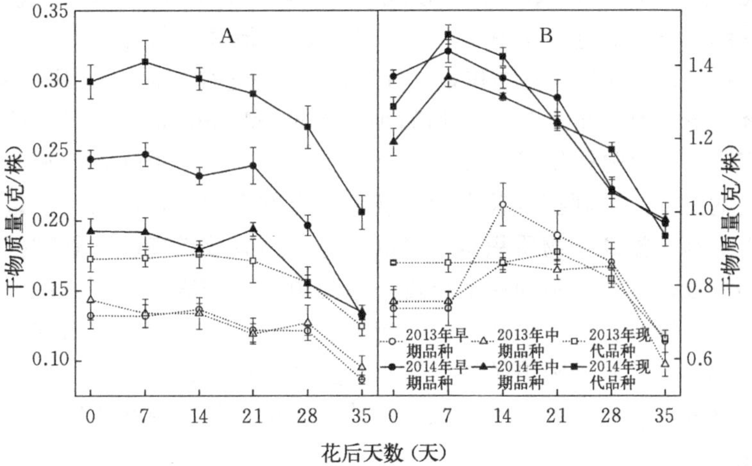


图 4-1　适宜和干旱胁迫下不同年代冬小麦品种花后叶片（A）和茎秆（B）干物质量变化

### 二、茎叶干物质运移量、干物质运移效率及对籽粒的贡献率

不同试验年间茎叶干物质运移量与运移效率差异显著（表 4－1）。早期品种与中期品种适宜环境内干物质运移量与运移效率较干旱胁迫差异显著，而现代品种则无显著变化。适宜条件下早期品种与现代品种茎秆干物质运移量与运移效率较干旱胁迫显著增加，而中期品种则表现相反。不同年代品种茎秆花后干物质量平均运移约 0.3 克/株，较干旱胁迫高 20%。与之相反，干旱胁迫促使平均运移效率较适宜环境高 21%，表明适度的干旱可以提高作物干物质运移效率，以应对环境带来的胁迫。

干旱胁迫促使早期品种和现代品种叶片干物质运移量显著降低，而中期品种则表现相反。中期品种干旱环境内拥有最高的干物质运移量与运移效率，而适宜条件则为最低。品种及其与试验年间的交互作用对叶片干物质运移量与运移效率均无显著影响，早期品种在适宜环境内表现出最高运移效率。与适宜环境相比，干旱使得叶片干物质运移量降低了 42%，但对运移效率无显著影响，仅下降 13%左右。干旱胁迫与适宜环境茎秆干物质运移量对产量的贡献率均高于叶片，其大小随品种不同而变化。适宜环境早期品种对产量贡献率高于干旱胁迫，而中期品种变化则与干物质运移量与运移率变化相似，干旱胁迫高于适宜环境。

## 第二节　小麦品种灌浆特性演变

Logistic 方程是由 Darroch 和 Baker 在 1990 年提出用于拟合籽粒重随时间变化的方程。本研究通过 Logistic 方程计算相关灌浆参数，结果表明：最终籽粒重、最大灌浆速率和其他参数均受干旱胁迫和品种的显著影响。干旱胁迫可显著缩减小麦灌浆时间和最大灌浆速率出现时间（表 4－1），平均由 47.4 天降低至 41.7 天，灌浆速率平均由 0.03 克/天降低至 0.02 克/天。不同年代品种最大灌浆速率受干旱胁迫影响出现时间较适宜环境平均提前了 25%，相应

灌浆时间整体也平均缩短了14%。早期品种和现代品种灌浆渐增期持续时间也有所缩短，但未表现出显著差异。

随品种更替，$W_0$、$W_1$、$W_2$ 和 $W_3$ 均显著增加（表4-2）。现代品种 $W_0$ 较早期品种和中期品种分别高79%和27%，而中期品种较早期品种也提高了41%。同时，现代品种 $W_1$、$W_2$ 和 $W_3$ 在灌浆三个时期也表现最高，中期品种次之，早期品种最低。随品种的更替，现代品种较早期品种 $W_1$、$W_2$ 和 $W_3$ 平均增加了81%、81%和83%。受干旱胁迫影响，不同品种灌浆阶段速率存在显著差异，干旱可显著降低 $V_1$、$V_2$ 和 $V_3$，与适宜环境相比平均降低37%、19%和38%。然而，不管是干旱还是适宜环境，$V_1$、$V_2$ 和 $V_3$ 均随品种的更替显著提高，现代品种较之前品种平均提高了45%、60%和61%。不同品种 $V_a$ 和 $V_m$ 随品种的更替在干旱环境内与 $V_1$、$V_2$ 和 $V_3$ 表现相同。

**表4-1 适宜和干旱胁迫下不同年代冬小麦品种花后籽粒灌浆参数拟合**

| 变量 | Logistic方程参数 | | | | | | | | | |
|---|---|---|---|---|---|---|---|---|---|---|
| | *r* | *A* | *B* | $W_0$ | $T_1$ | $T_2$ | $T_3$ | $T_m$ | *T* | *SN* |
| 2013 | | | | | | | | | | |
| 早期品种 | 0.996 4 | 33.64 | 0.18 | 0.70d | 8.63c | 12.70b | 15.81b | 14.98d | 37.14c | 3.96c |
| 中期品种 | 0.994 1 | 58.88 | 0.19 | 0.90c | 11.66b | 15.32a | 19.07a | 19.32b | 46.05b | 3.99c |
| 现代品种 | 0.996 9 | 43.26 | 0.16 | 1.27ab | 9.60bc | 14.40ab | 17.93ab | 16.80c | 41.93bc | 3.42d |
| 2014 | | | | | | | | | | |
| 早期品种 | 0.995 1 | 25.24 | 0.22 | 0.77d | 11.26b | 14.38ab | 17.89ab | 18.44bc | 43.52b | 6.00b |
| 中期品种 | 0.994 5 | 28.54 | 0.17 | 1.17b | 14.81a | 14.14ab | 17.60ab | 21.88a | 46.54ab | 6.74a |
| 现代品种 | 0.991 2 | 23.20 | 0.19 | 1.36a | 15.15a | 16.41a | 20.43a | 23.35a | 51.98a | 5.89b |
| 方差分析 | | | | | | | | | | |
| 种植年份 | — | — | — | *** | *** | NS | NS | *** | *** | *** |
| 品种 | — | — | — | *** | *** | ** | ** | *** | *** | *** |
| 交互效应 | — | — | — | *** | ** | ** | ** | *** | *** | *** |

注：*A* 和 *B* 代表灌浆参数；*r* 代表相关系数；$W_0$（克/穗）代表最大籽粒干物质量；$T_1$（天）代表灌浆渐增期天数；$T_2$（天）代表灌浆速增期天数；$T_3$（天）代表灌浆缓增期天数；$T_m$（天）代表最大灌浆天数；*T*（天）代表灌浆持续天数；*SN*（$\times10^6$ 穗/公顷）代表成穗数。

**表 4-2　适宜和干旱胁迫下不同年代冬小麦品种花后籽粒灌浆参数拟合**

| 变量 | Logistic 方程参数 | | | | | | | | |
| --- | --- | --- | --- | --- | --- | --- | --- | --- | --- |
| | $W_1$ | $W_2$ | $W_3$ | $V_1$ | $V_2$ | $V_3$ | $V_a$ | $V_m$ | 产量 |
| 2013 | | | | | | | | | |
| 早期品种 | 0.15d | 0.40d | 0.14d | 0.014d | 0.028d | 0.008d | 0.016e | 0.032e | 822.02e |
| 中期品种 | 0.19c | 0.52c | 0.18c | 0.013d | 0.037c | 0.010c | 0.019de | 0.042cd | 1 193.60d |
| 现代品种 | 0.27ab | 0.73ab | 0.26ab | 0.018c | 0.045b | 0.013b | 0.025bc | 0.051b | 1 275.69d |
| 2014 | | | | | | | | | |
| 早期品种 | 0.16d | 0.44d | 0.15cd | 0.019c | 0.035c | 0.010c | 0.021cd | 0.040de | 3 386.90c |
| 中期品种 | 0.25b | 0.68b | 0.24b | 0.022b | 0.044b | 0.012b | 0.026b | 0.051bc | 3 691.07b |
| 现代品种 | 0.29a | 0.79a | 0.27a | 0.030a | 0.056a | 0.016a | 0.033a | 0.064a | 5 646.68a |
| 方差分析 | | | | | | | | | |
| 种植年份 | *** | *** | *** | *** | *** | *** | *** | *** | *** |
| 品种 | *** | *** | *** | *** | *** | *** | *** | *** | *** |
| 交互效应 | *** | *** | ** | *** | NS | NS | NS | NS | *** |

注：$W_1$（克/穗）代表 $T_1$ 阶段干物质累积重；$W_2$（克/穗）代表 $T_2$ 阶段干物质累积重；$W_3$（克/穗）代表 $T_3$ 阶段干物质累积重；$V_1$（克/天）代表 $T_1$ 阶段灌浆速率；$V_2$（克/天）代表 $T_2$ 阶段灌浆速率；$V_3$（克/天）代表 $T_3$ 阶段灌浆速率；$V_a$（克/天）代表平均灌浆速率；$V_m$（克/天）代表最大灌浆速率；产量（千克/公顷）代表籽粒产量。

## 第三节　小　　结

近些年来，由于种植面积的扩大、栽培技术的提高，以及育种技术的发展及品种的更替，中国小麦产量得到了长足发展，品种抗旱能力也随之提高。在本研究中干旱胁迫显著降低了小麦产量，但随品种更替产量依然得到了显著提高。由于黄土旱塬区属于半干旱雨养农业区，为适应当地气候，小麦抗旱能力随品种的更替得到了有效发展，产量也显著提高（Sun，2014），说明该地区小麦品种已逐渐适应当地干旱条件。

在某种程度上施加适度的外界胁迫，可使小麦产量得到有效提高，其主要是因为在满足正常生长的前提下，干旱胁迫促使作物光合产物进一步向籽粒中运移（Siddique et al.，1989）。在干旱环境内作物产量的降低是由于叶片的提前衰老和 chlorophyⅡ浓度的减少，从而降低作物的光合能力，进一步衰减碳水化合物的转换效率，减少可溶性蛋白向籽粒的运移，最终限制生成的同化物转运至籽粒。本研究中，花前贮存在茎秆中的干物质对籽粒的贡献率在干旱与适宜环境内均高于叶片中贮存的干物质对籽粒的贡献率，其表明花前贮存在茎秆中的碳水化合物是籽粒产量形成的关键。花前贮存在茎秆中的干物质对产量的贡献在 0.7～1.1 吨/公顷，占总产量的很大一部分。

适宜环境内不同品种叶片干物质运移量较干旱胁迫每株高 0.04 克，高出近两倍，但干物质运移效率却仅高出 19%左右。相似的，适宜环境不同品种茎秆干物质运移量较干旱胁迫每株高 0.05 克，但干物质运移效率却降低了 23%～27%。较小的叶片和茎秆使得作物拥有较低的干物质贮存能力，但对环境胁迫却拥有较高的敏感性，营养器官贮存的碳水化合物是物质运移的主要来源（Blum et al.，1994；Ehdaie et al.，2006），而在一定的干旱环境内茎秆中贮存的碳水化合物可以更有效率地运移至籽粒中。Gallagher（1975）等研究表明，花前光合作用产物可以有效地补偿籽粒在环境胁迫下受到的损失，Blacklow 和 Incoll（1981）也进一步证明花后茎秆中贮存的干物质也有此功能。本研究中部分品种也表现出此功能，利用茎秆中贮存的干物质来维持籽粒的需求。然而，当籽粒重的改变超出茎秆干物质量的供应时，叶片中贮存的碳水化合物则用来维持籽粒的形成，即在叶片干物质调动之前，茎秆干物质优先满足籽粒的需求。

营养器官干物质运移量与籽粒产量和小麦品种推广年代呈正相关趋势。现代小麦品种其产量潜力主要可以归因于株高的降低和地上部生物重更多地向籽粒运移（Austin et al.，1980）。本研究结果进一步表明现代小麦品种可以更多地使用花前和花后的光合作用产物，并提高灌浆效率。同时，良好的生长环境可以使得现代小麦品种运移更多的茎秆干物质量。然而，也有研究表明产量潜力较低的品种较高产现代小麦品种拥有更高的干物质贮存能力，特别是较老的农家品种在灌浆期干物质运移效率更高（Blum et al.，1998），花前干物质积累对籽粒产量贡献率较高的品种也易低产。产量与同化物运移之间的关系至今一直存在很大的争议。

结果表明，随小麦品种的更替，株高在不断降低过程中，小麦品种的抗旱能力也在不断提高。受干旱胁迫影响，小麦产量的降低主要是因为成穗数、花后灌浆速率和灌浆时间降低。现代小麦品种在干旱环境内可以更有效率地运移茎秆中的干物质，以保证籽粒产量的正常增加。

5

# 第五章
# 相同肥力条件小麦品种光合特性演变

1940—1980 年，全球主要粮食作物产量翻了近两番，巧合的是此时期人们对光合作用也有了深刻的理解。探索未来粮食增产的主要途径或许就是增强作物光合能力，并维持较强的“源”“库”能力。作物农艺性状、生理及植物学特性也得到了充分的证明，其可能影响作物产量，主要包括：单株穗粒数、气孔导度、株高以及光合持续时间等。但是作物产量提高伴随着叶片净光合速率改善的同时，许多相反的意见也有报道。这些研究的焦点主要在“源”“库”限制是否对小麦产量产生影响，如粒数和粒重或者是光合作用产物的限制带来的影响。Richard（2000）研究表明，除扬花期之前的特定时期，光合作用产物对小麦和玉米没有限制。作物在适宜的生长环境下有其自有的贮存光合产物的能力。然而，某些光合特性的改变也可以促使产量潜力的提高，如叶片净光合速率和气孔导度，这些发现都将有助于突破现今粮食产量的瓶颈。近年来，尽管产量与净光合速率的关系得到不断发展，但其间的争论也在一直继续。本章进一步验证光合特性对产量的作用并总结品种更替过程中光合特性演变规律。

## 第一节　小麦品种生育期光合参数演变

### 一、小麦品种生育期旗叶净光合速率演变

不同小麦品种扬花期表现出较高旗叶净光合速率，但随品种更

替并没有呈现出显著的线性关系（图 5 - 1B）。拔节期净光合速率呈显著增加趋势（图 5 - 1A），由早期品种五指麦的 9.19 微摩尔/($米^2$ · 秒) 增加到现代品种长旱 58 的 13.35 微摩尔/($米^2$ · 秒)，年增长 0.051 微摩尔/($米^2$ · 秒)。随生育期推进，长旱 58 旗叶净光合速率有所下降，而其他不同小麦品种均呈增加趋势，灌浆期较拔节期平均提高约 12%（图 5 - 1C）。整个生育期内，现代品种长旱 58 表现出最高净光合速率，较五指麦提高了 56%，而该地区于 1963 年推广的最后高秆品种郑州 24 次之。

## 二、小麦品种生育期旗叶蒸腾速率演变

不同品种拔节期旗叶蒸腾速率与净光合速率表现相似（图 5 - 1D），随品种更替呈显著的线性关系，年增加 0.015 毫摩尔/($米^2$ · 秒)。与拔节期相比，扬花期旗叶蒸腾速率变化可划为两个阶段（图 5 - 1E），1930—1970 年，即高秆品种阶段，蒸腾速率较扬花期呈显著增加；而 1980 年至今，即半矮秆品种阶段，则无明显变化。

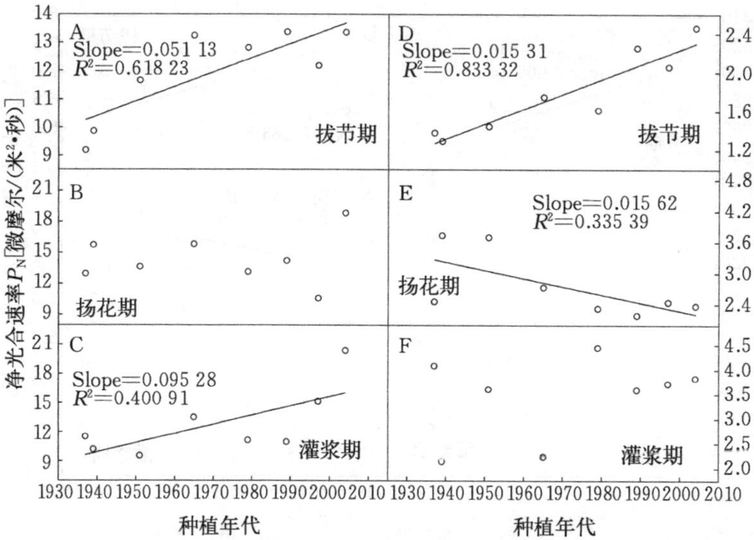


图 5 - 1　不同年代小麦品种各时期旗叶净光合速率和蒸腾速率变化

至灌浆期不同品种旗叶蒸腾速率达到最高（图 5－1F）。拔节期至灌浆期，旗叶蒸腾速率平均增加了 94%，现代品种长旱 58 增加达极显著水平。

## 三、小麦品种生育期旗叶气孔导度演变

与净光合速率和蒸腾速率表现相反，拔节期旗叶气孔导度随品种更替呈显著降低趋势（图 5－2A），同时大部分品种扬花期和灌浆期气孔导度均小于前一时期（图 5－2B、C）。灌浆期 20 世纪 80 年代以后半矮秆品种长武 131 和长武 134 表现最高，由过去 123 毫摩尔/(米$^2$·秒) 增加至 194 毫摩尔/(米$^2$·秒)，较过去高秆品种增加了 58%。

## 四、小麦品种生育期旗叶水分利用效率演变

随品种更替，拔节期叶片水分利用效率年降低 0.002%（图 5－2D），20 世纪 80 年代以后品种降低最显著，较之前品种降低了 55%～

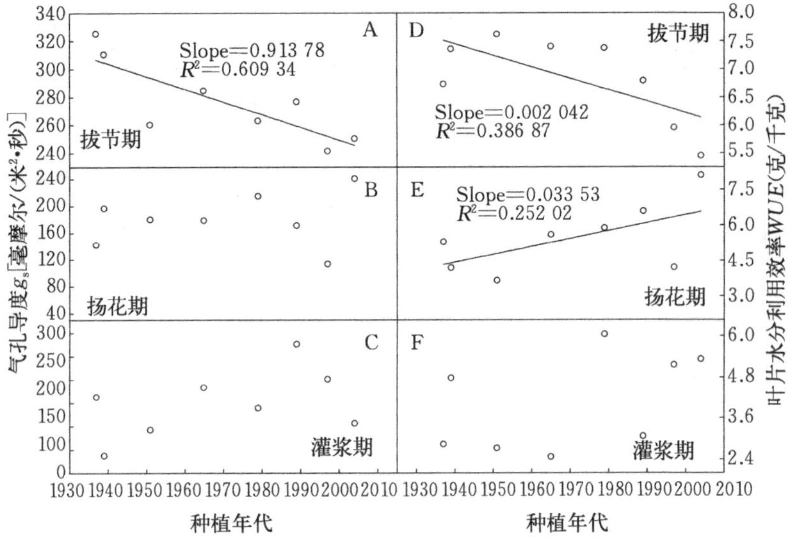


图 5－2 不同年代小麦品种各时期旗叶气孔导度和水分利用效率变化

74%。随生育期推进，80 年代后期品种均保持较稳定的叶片水分利用效率（图 5-2E、F）。灌浆期叶片水分利用效率随品种的更替无明显变化规律。

## 第二节 小麦品种产量与农艺特征演变

当不同小麦品种种植于相同环境下时，其产量随品种的更替呈显著增加趋势，由早期品种的 2.62 吨/公顷增加至现代品种的 4.19 吨/公顷，年增加 0.02 吨/公顷（图 5-3C）。同时，适宜的生长环境使得 20 世纪 50 年代之前早期品种产量增加了近 4 倍，表明种植环境的不断改善是提高产量的原因之一。然而，早期品种的产量仍较现代品种低 40%左右。穗粒数和千粒重作为产量要素，在过去的 70 年间随品种更替与产量表现相同，均呈显著增加趋势。单株穗粒数由最早 29.27 粒增加至现在的 32.07 粒，年增加 0.05 粒

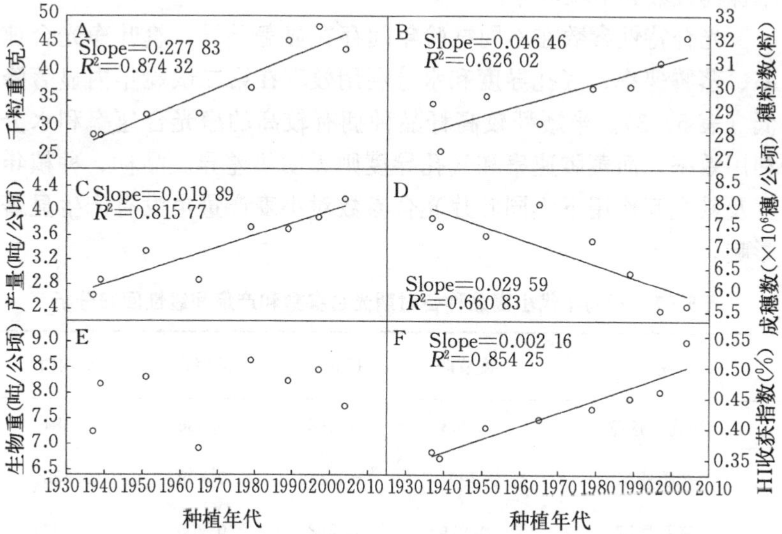


图 5-3 不同年代冬小麦品种千粒重（A）、穗粒数（B）、产量（C）、成穗数（D）、生物重（E）和收获指数（F）变化

(图 5－3B)；千粒重也从之前 29.01 克增加到现在的 44.05 克，年增加 0.28 克（图 5－3A)。而另一产量要素成穗数则随品种的更替每年每公顷降低 3 万穗左右（图 5－3D)。与众多研究相同，产量的增加主要可以归因于收获指数的提高（图 5－3F)，但与其他研究不同的是本试验中地上部生物重无增加趋势（图 5－3E)。

## 第三节　产量与光合作用和农艺特征关系

随小麦品种更替，只有拔节期旗叶蒸腾速率和气孔导度与产量形成显著相关。整个生育期内，旗叶净光合速率、蒸腾速率和水分利用效率与产量只有微弱的正相关关系，而气孔导度则与产量呈负相关（表 5－1)。产量与千粒重、穗粒数和收获指数呈显著正相关，但成穗数则与千粒重、穗粒数和收获指数呈负相关（表 5－2)。收获指数也与一些其他性状保持一致并呈正相关，如净光合速率、单株穗粒数和千粒重等。

光合特性参数在不同试验年间存在显著差异，旗叶净光合速率、蒸腾速率、气孔导度和水分利用效率在第二试验年内显著降低（表 5－3)。半矮秆较高秆品种拥有较高的净光合速率和水分利用效率，而蒸腾速率和气孔导度则无明显差异。品种、种植年度及其交互作用下不同叶片光合参数对小麦产量也没有产生显著影响。

**表 5－1　不同年代小麦品种各时期光合参数和产量间线性回归分析**

| 变量 | 拔节期 | 扬花期 | 灌浆期 | 平均值 |
|---|---|---|---|---|
| 净光合速率 | 0.703 | 0.088 | 0.586 | 0.484 |
| 蒸腾速率 | 0.799* | −0.446 | 0.499 | 0.380 |
| 气孔导度 | −0.879* | 0.288 | 0.205 | −0.061 |
| 水分利用效率 | −0.622 | 0.483 | 0.605 | 0.571 |

**表 5-2　不同年代小麦品种各时期光合参数和产量要素与产量间相关分析**

| 变量 | 净光合速率 | 蒸腾速率 | 气孔导度 | 水分利用效率 | 成穗数 | 穗粒数 | 千粒重 | 地上部生物重 | 收获指数 |
|---|---|---|---|---|---|---|---|---|---|
| 产量 | 0.568 | 0.677 | 0.014 | 0.575 | −0.883** | 0.855* | 0.879** | 0.564 | 0.885** |
| 净光合速率 | | 0.115 | 0.143 | 0.556 | −0.493 | 0.579 | 0.464 | −0.267 | 0.846** |
| 蒸腾速率 | | | −0.216 | 0.218 | −0.595 | 0.759* | 0.447 | 0.568 | 0.473 |
| 气孔导度 | | | | 0.209 | 0.061 | 0.069 | 0.252 | −0.302 | 0.182 |
| 水分利用效率 | | | | | −0.333 | 0.382 | 0.342 | 0.266 | 0.545 |
| 成穗数 | | | | | | −0.840** | −0.909** | −0.462 | −0.795* |
| 穗粒数 | | | | | | | 0.793* | 0.233 | 0.877** |
| 千粒重 | | | | | | | | 0.411 | 0.822* |
| 地上部生物重 | | | | | | | | | 0.117 |

**表 5-3　不同试验年、品种及其交互作用对小麦光合参数的相关分析**

| 变量 | 净光合速率 | 蒸腾速率 | 气孔导度 | 水分利用效率 |
|---|---|---|---|---|
| 种植年 | | | | |
| 2008 | 16.58a | 3.04a | 241.15a | 6.55a |
| 2009 | 10.33b | 2.30b | 135.53b | 4.81b |
| 品种 | | | | |
| 五指麦 | 11.21b | 2.64a | 179.08a | 4.95b |
| 红秃麦 | 13.03ab | 2.48a | 185.51a | 5.90b |
| 碧蚂 1 号 | 11.60b | 2.92a | 146.64a | 4.67ab |
| 郑州 24 | 15.12ab | 2.31a | 188.02a | 5.16ab |
| 丰产 3 号 | 12.35b | 2.79a | 207.71a | 6.66a |
| 长武 131 | 13.77ab | 2.51a | 223.81a | 6.04ab |
| 长武 134 | 13.05ab | 2.86a | 176.96a | 5.76ab |
| 长旱 58 | 17.52a | 2.89a | 199.00a | 6.29ab |

（续）

| 变量 | 净光合速率 | 蒸腾速率 | 气孔导度 | 水分利用效率 |
|---|---|---|---|---|
| 交互作用 | | *F* 值 | | |
| 试验年 | 0.635 | 0.911 | 0.995 | 0.679 |
| 品种 | 0.480 | 0.226 | 0.697 | 0.468 |
| 种植年×品种 | 0.480 | 0.478 | 0.506 | 0.535 |

注：试验年、品种及其交互作用对不同光合参数均无显著影响；数字后不同小写字母表示显著性差异（$P<0.05$）。

## 第四节　小　　结

本试验中拔节期旗叶蒸腾速率和气孔导度与产量呈显著相关，而其他生育期内四个光合作用参数与小麦产量之间均无显著相关性。本研究表明，当 20 世纪 50 年代至今的品种处于种植相同环境下时，产量与收获指数关系显著，但与叶片净光合速率无关，说明该地区较高的净光合速率并没有带来产量的提高。

粮食增产主要是穗粒数和千粒重（“库”限制）的限制，而不是受限于光合产物的生产（“源”限制），叶片光合参数和籽粒产量增加之间没有任何关系并不是因为其在作物改良过程中没有得到改善。尽管净光合速率与收获指数间呈正相关，但在产量增加过程中，与收获指数相关的因素对比净光合速率相关的因素可能更能影响产量，同时后者一般具有较强的不可确定性与较高的遗传性。净光合速率的遗传改良与产量的增加之间没有显著的相关性，说明其并不限制籽粒产量，小麦可能有足够的光合能力，或者其他因素限制增产。显然，在半干旱雨养农业地区，“库”强是产量增加的决定因素，而不是选择增加叶片净光合速率。

此外，已有的报道表明，小麦叶片蒸腾速率的变化是由光合能力或气孔导度的差异导致。与高秆品种相比，灌浆期半矮秆品种一般具有较高的气孔导度，促使叶片蒸腾速率加快，最终加强作物的光合能力。但有趣的是，本研究中拔节期作物蒸腾速率随育种年限的推移而增长，而水分利用效率则刚好相反。拔节期水分亏缺将严重影响干物质积累，但不同小麦品种产量依然随品种的更替而增加。可见，叶片水分利用效率对产量无较大影响。

基于上述原因，我们可以发现，叶片光合速率的遗传变化并没有伴随着产量的增加而增加，蒸腾速率、气孔导度和水分利用效率也是如此。我们试图从植物学和生理学角度出发，推导出叶片光合作用的变化机制。

首先，本研究表明，伴随籽粒产量的增加，增加单叶的净光合速率是不必要的。同样许多研究也表明，测定叶片净光合速率严格受限于特定的时期或一天中的某个时刻。光合作用增加更多的可能是增加叶面积、光照时间或叶面积指数，而不是增加叶片光合速率的结果（Richards，2000）。因此，植物生理学家曾多次证明产量和叶片的气体交换变量之间的联系，尤其是增加光合活性（Austin，1994）。从粮食产量公式[(光合面积×光合能力×光合时间)－消耗]×经济系数（消耗主要是呼吸消耗，经济系数是千粒重和总干重的比例）能充分反映小麦籽粒产量和光合作用的关系。我们可以发现，本研究中光合能力对产量无显著影响条件下，籽粒产量增加更可能是由光合面积和光合时间决定的，其符合黄土高原长日照和高光强的环境条件。但本研究并没有测量光合面积和光合时间，需要进行后续测试。

其次，或许不必要对作物光合能力进行遗传改良。利用转基因烟草植株与反义 *rbcS* 降低 Rubisco 的活性的研究证明缓冲能力对光合作用非常重要。在光合速率下降之前供应足够的氮，Rubisco 可以被降低到大约野生型含量的一半（Quick et al.，1991）。即使转基因烟草植株光合速率下降，其生长速度可能也不会下降，因为叶面积比可以增加并且适当地补偿因光合速率下降带来的结果（Fichtner et al.，1993），虽然这可能随光强度的变化而变化（Stitt et al.，1991）。因此，考虑选择高叶片光合速率对产量的增加能否有效是非常重要的。Richards（2000）研究表明，作物可以依据是否适宜生长或光合相应能力改变“源”和“库”来控制光合作用的贮存能力。同时，当所有的品种种植在相同的环境下，谷物产量得到显著增加，优秀的田间管理措施也可能是一个光合能力变化的替代品，同时增加氮肥可能是另一个快速和相对廉价的光合能力增加的替代品。氮肥的施用将导致叶面积持续增加，而这些将最终提高地面单位面积的光合作用。同时，通常育种试验也是在合理的施肥条件下进行的，那么提高光合作用所面临的困难将会减少，良好的土壤营养状况可以保证净光合速率的有效实现。对生产当中光合作用带来的产量增加效果是很难去分辨的，其有可能也是因为良好的营养条件、抗病能力的增强、不同基因型氮素对籽粒的分配能力或“库”对光合产物的需求能力。单叶光合作用及产量形成之间的关系非常复杂。

最后，通过提高收获指数来增产比提高光合能力更加简单。收获指数的提高一般可以通过改良两方面遗传因素——株高和开花时间。半矮秆品种的推广有效地减少了作物倒伏，因此在充足的降水或灌溉条件下可以施用更多的化肥。肥料的充分投入与合理的灌溉促使作物产量持续增加。此外，适时的花期是达到产量最大化的重要因素之一，并有利于作物在干旱环境生长（Richards，1991）。作物花期每推迟一天，成熟期产量将下降 1.2%。因此，品种更替过程中，应适当调节作物扬花期光周期的推迟时间。

黄土高原旱作农业系统在过去 70 年间，尽管光合作用存在一些遗传变异，但相关叶片光合作用参数仍对产量无显著作用。小麦产量的增加主要与单株穗粒数、千粒重和收获指数有关。

6

# 第六章

# 相同肥力条件小麦品种植株养分吸收与分配演变

矿质元素的吸收和分配有利于作物高产量的形成，并与植物和土壤间的养分循环密切相关。多年以来，由于机械化的不断发展、作物品种的更替和化肥的投入，农田生态系统在人力资源不断减少的前提下，也变得越来越高效。然而，全球人口不断增加，为解决粮食问题，肥料被大量投入，但肥料利用效率却逐年下降。为此，通过作物遗传改良来进一步改进作物养分动态变化将有利于维持土壤与作物间的养分平衡。作为作物所需的必要矿质元素，氮、磷、钾一方面可以直接影响作物产量，但另一方面每年施用含氮、磷、钾的化肥占据了相当大比例的生产成本。本研究通过连续两生长季试验，研究小麦品种更替过程中花后植株氮、磷、钾养分含量变化，旨在探索花后不同时期氮、磷、钾养分吸收与分配变化特征，明确不同年代小麦品种间养分特性变化特征及新品种存在的优势，为合理施肥创造高产提供一定的技术支撑。

## 第一节　花后植株养分吸收演变

### 一、氮、磷和钾养分含量

不同年代小麦品种地上部植株氮和磷含量如图 6-1 所示。成熟期植株氮和磷含量分别为 11.2～20.2 克/千克和 1.7～2.4 克/千克，显著高于花后 0～21 天植株氮和磷含量。而扬花期至花后 21 天，植株含钾量则呈显著降低趋势，由 16.2 克/千克降低至 7.8 克/千克，至成熟期又表现出一定上升。植株氮和磷含量在不同试验年间存在一定相似性，不同年代品种间变化趋势则相同，而不同品种间植株钾含量无明显差异。随品种的更替，花后植株氮、磷和钾含量呈显著增加趋势，现代品种较早期品种高 26%、24%、21%，较中期品种高 12%、14%、7%。

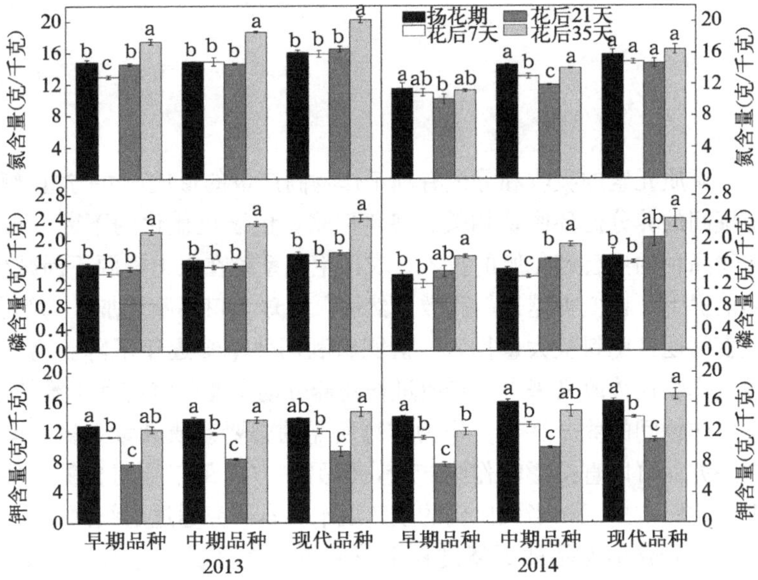


图 6-1　2013 和 2014 试验年内不同年代冬小麦品种花后 0 天、7 天、21 天和 35 天植株氮、磷和钾含量变化

## 二、氮、磷和钾养分吸收量

尽管不同年代品种扬花期植株氮和磷含量较花后第 7 天显著增高，但扬花期和花后 7 天植株，养分吸收量间普遍无明显差异（图 6-2），主要原因可能是随生育期的推进，植株生物量显著增加。而花后第 7 天至 35 天，植株氮和磷吸收量均呈显著增加趋势。除成熟期外，植株钾花后吸收量与前一生育期相比普遍著降

低。相同生育期磷吸收量则较氮和钾吸收量显著减少，植株氮和钾吸收量分别为 73～265 千克/公顷和 63～273 千克/公顷，磷吸收量仅为 8～39 千克/公顷。

2014 试验年植株地上部氮、磷和钾养分吸收量较 2013 试验年显著增高。随品种的更替，植株养分吸收量只有在 2014 试验年才呈显著增高趋势，而在 2013 试验年，不同年代品种间养分吸收量基本相同，其主要原因可能为 2013 试验年降水量和光照时间减少，不适于小麦生长所致，尤其是对花后干物质的积累存在显著影响。

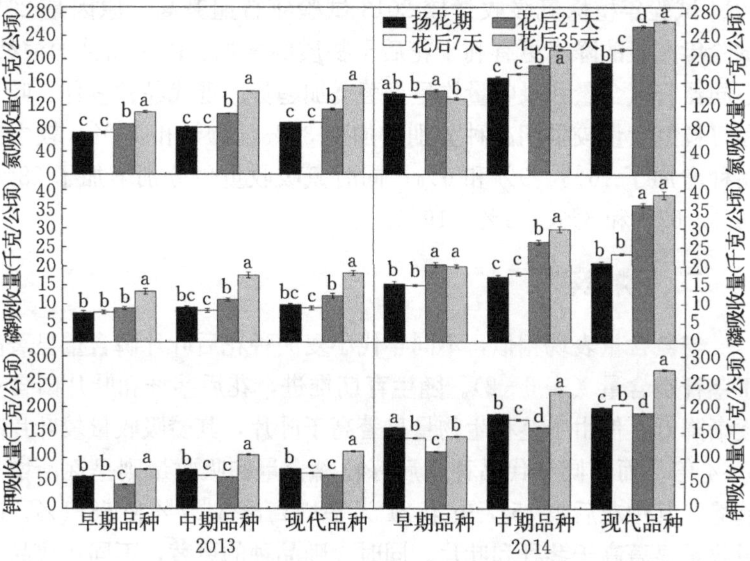


图 6－2　2013 和 2014 试验年内不同年代冬小麦品种花后 0 天、7 天、21 天和 35 天植株氮、磷和钾吸收量变化

# 第二节　花后植株不同器官养分运移演变

## 一、氮运移

不同年代小麦品种茎叶氮含量和吸收量由扬花期至成熟期均呈显著降低趋势（表 6－1），但籽粒却表现相反。连续两个试验年

内，叶片花后氮含量较茎秆中氮含量平均高 0.6～3.8 倍，但由于大部分生物量主要集中在茎秆中，叶片中氮吸收量却较茎秆中低 0.4～2.6 倍。尽管花后第 21 至 35 天茎秆氮含量有少许降低，但氮吸收量却存在显著差异。不同年代品种花后籽粒氮含量和吸收量均显著增加，其中花后第 35 天较第 21 天平均高出 32.9%和 65%，主要原因是随生育期的推进，籽粒生物量在不断增加。值得注意的是，花后第 35 天籽粒生物量较第 21 天平均增加了 68%。

不同试验年间，植物叶片、茎秆和籽粒花后氮含量表现不同。2014 试验年植株氮吸收量较 2013 试验年普遍升高，原因是 2014 试验年充足的降水更有利于花后干物质的增加。由于品种的演替，不同器官氮含量和吸收量均呈显著增加趋势。现代品种茎秆、叶片和籽粒氮含量较早期品种分别增加了 35%、10%和 13%，较中期品种增加了 16%、9%和 6%；同时氮吸收量也分别增加了 28%、36%、67%和 8%、19%、19%。

## 二、磷运移

与氮含量表现相似，不同年代小麦品种花后叶片磷含量显著高于茎秆磷含量（表 6-2）。随生育期推进，花后茎秆和叶片磷含量逐渐降低，但由于茎秆生物量显著高于叶片，其磷吸收量较叶片高 3～4 倍。而不同年代品种花后籽粒磷含量和吸收量则呈逐渐增加趋势，其中花后第 35 天较第 21 天平均高出 34.7%和 58.1%，磷吸收量显著高于茎秆和叶片。同时，随品种的更替，不同年代品种间磷含量和吸收量也显著增加，现代品种花后茎秆、叶片和籽粒磷含量较早期品种分别高 29%、11%和 8%，较中期品种高 18%、8%和 4%；磷吸收量则分别高 23%、38%、59%和 10%、17%、19%。

## 三、钾运移

与茎叶氮和磷含量不同，2013 试验年植株茎秆钾含量显著高于叶片，而在 2014 试验年则与之前相同（表 6-3）。不同品种花

表 6－1　2013 和 2014 试验年内不同年代冬小麦品种花后 0 天、7 天、21 天和 35 天茎秆、叶片和籽粒氮含量和吸收量变化

| 品种 | 花后天数（天） | N 含量（克/千克） | | | N 吸收量（千克/公顷） | | |
|---|---|---|---|---|---|---|---|
| | | 茎秆 | 叶片 | 籽粒 | 茎秆 | 叶片 | 籽粒 |
| 2012—2013 | | | | | | | |
| 早期品种 | 0 | 13.47 ± 0.09a | 25.51 ± 0.34a | 13.72 ± 0.68c | 44.44 ± 0.36a | 13.44 ± 0.28a | 15.06 ± 0.43d |
| | 7 | 10.66 ± 0.39b | 18.61 ± 0.89b | 16.97 ± 0.32b | 39.09 ± 0.22b | 9.56 ± 0.60b | 24.02 ± 0.71c |
| | 21 | 9.51 ± 0.25b | 20.72 ± 0.39b | 18.93 ± 0.22b | 27.62 ± 0.27c | 10.14 ± 0.41b | 50.08 ± 0.58b |
| | 35 | 6.35 ± 0.33c | 11.36 ± 0.50c | 24.60 ± 0.42a | 13.83 ± 0.53d | 3.91 ± 0.41c | 90.76 ± 0.92a |
| 中期品种 | 0 | 13.44 ± 0.24a | 24.20 ± 0.29a | 14.34 ± 0.27d | 45.68 ± 0.31a | 14.71 ± 0.29a | 22.38 ± 0.17d |
| | 7 | 12.70 ± 0.69a | 20.27 ± 0.58b | 17.24 ± 0.23c | 39.97 ± 0.14b | 10.83 ± 0.25b | 31.10 ± 0.53c |
| | 21 | 9.46 ± 0.25b | 18.32 ± 0.59b | 19.21 ± 0.16b | 31.75 ± 0.67c | 8.44 ± 0.64c | 64.87 ± 0.93b |
| | 35 | 6.25 ± 0.10c | 11.12 ± 0.56c | 25.58 ± 0.52a | 15.41 ± 0.29d | 4.26 ± 0.33d | 124.67 ± 0.27a |
| 现代品种 | 0 | 14.24 ± 0.34a | 26.02 ± 0.23a | 15.79 ± 0.26c | 46.90 ± 0.58a | 17.23 ± 0.40a | 26.05 ± 0.17d |
| | 7 | 13.34 ± 0.59ab | 24.19 ± 0.50b | 17.53 ± 0.42c | 42.37 ± 0.76b | 14.35 ± 0.34b | 33.85 ± 0.55c |
| | 21 | 12.06 ± 0.23b | 20.81 ± 0.46c | 19.72 ± 0.53b | 35.51 ± 0.16c | 11.60 ± 0.37c | 66.25 ± 1.51b |
| | 35 | 7.63 ± 0.21c | 11.86 ± 0.33d | 26.69 ± 0.38a | 17.11 ± 0.75d | 5.05 ± 0.54d | 132.06 ± 1.66a |

（续）

| 品种 | 花后天数（天） | N含量（克/千克） | | | N吸收量（千克/公顷） | | |
|---|---|---|---|---|---|---|---|
| | | 茎秆 | 叶片 | 籽粒 | 茎秆 | 叶片 | 籽粒 |
| 2013—2014 | | | | | | | |
| 早期品种 | 0 | 8.74 ± 0.43a | 32.92 ± 0.47a | 13.09 ± 0.23c | 72.08 ± 0.47a | 48.39 ± 0.31a | 19.42 ± 0.27d |
| | 7 | 7.07 ± 0.43a | 27.72 ± 0.47b | 15.02 ± 0.29b | 61.73 ± 1.23b | 41.34 ± 0.31b | 31.87 ± 0.76c |
| | 21 | 4.30 ± 0.61b | 20.19 ± 0.71c | 16.08 ± 0.42b | 34.08 ± 0.84c | 29.18 ± 1.05c | 81.98 ± 0.78b |
| | 35 | 3.87 ± 0.47b | 18.67 ± 0.55c | 18.31 ± 0.29a | 22.64 ± 0.74d | 14.81 ± 0.31d | 93.93 ± 0.88a |
| 中期品种 | 0 | 10.10 ± 0.29a | 34.30 ± 0.47a | 14.73 ± 0.22d | 81.16 ± 0.11a | 59.93 ± 1.12a | 26.87 ± 0.14d |
| | 7 | 8.91 ± 0.47a | 30.05 ± 0.14b | 16.20 ± 0.13c | 82.51 ± 0.22a | 52.27 ± 0.37b | 39.65 ± 0.59c |
| | 21 | 6.25 ± 0.10b | 20.90 ± 0.14c | 17.46 ± 0.12b | 52.50 ± 0.65b | 36.72 ± 0.60c | 99.88 ± 0.80b |
| | 35 | 5.43 ± 0.11b | 19.23 ± 0.57c | 20.62 ± 0..29a | 35.77 ± 0.86c | 21.72 ± 0.10d | 159.03 ± 1.22a |
| 现代品种 | 0 | 11.52 ± 0.24a | 35.81 ± 0.49a | 15.06 ± 0.46c | 87.56 ± 1.30a | 63.50 ± 1.48a | 42.33 ± 0.72d |
| | 7 | 10.34 ± 0.30a | 31.42 ± 0.63b | 17.34 ± 0.65b | 90.48 ± 1.20a | 58.51 ± 1.24a | 67.77 ± 0.65c |
| | 21 | 7.84 ± 0.22b | 22.95 ± 0.77c | 19.62 ± 0.41a | 57.08 ± 0.66b | 39.75 ± 1.13b | 121.98 ± 0.61b |
| | 35 | 6.91 ± 0.71b | 21.07 ± 0.38c | 21.68 ± 0.36a | 37.81 ± 0.33c | 27.42 ± 0.82c | 199.70 ± 1.10a |

表 6-2 2013 和 2014 试验年内不同年代冬小麦品种花后 0 天、7 天、21 天和 35 天茎秆、叶片和籽粒磷含量和吸收量变化

| 品种 | 花后天数 | 磷含量（克/千克） | | | 磷吸收量（千克/公顷） | | |
|---|---|---|---|---|---|---|---|
| | | 茎秆 | 叶片 | 籽粒 | 茎秆 | 叶片 | 籽粒 |
| 2012—2013 | | | | | | | |
| 早期品种 | 0 | 1.39 ± 0.03a | 1.55 ± 0.06a | 2.11 ± 0.04b | 4.58 ± 0.11a | 0.81 ± 0.01a | 2.34 ± 0.01d |
| | 7 | 1.10 ± 0.01b | 1.19 ± 0.02b | 2.26 ± 0.03b | 4.02 ± 0.02b | 0.61 ± 0.07ab | 3.21 ± 0.10c |
| | 21 | 0.63 ± 0.04c | 1.04 ± 0.12b | 2.48 ± 0.07b | 1.85 ± 0.10c | 0.49 ± 0.06b | 6.55 ± 0.14b |
| | 35 | 0.36 ± 0.01d | 0.67 ± 0.06c | 3.34 ± 0.23a | 0.77 ± 0.05d | 0.23 ± 0.02c | 12.37 ± 0.23a |
| 中期品种 | 0 | 1.41 ± 0.07a | 1.46 ± 0.10a | 2.23 ± 0.02c | 4.77 ± 0.03a | 0.88 ± 0.05a | 3.47 ± 0.11c |
| | 7 | 1.11 ± 0.02b | 1.20 ± 0.05ab | 2.32 ± 0.05bc | 3.48 ± 0.11b | 0.64 ± 0.09ab | 4.18 ± 0.30c |
| | 21 | 0.64 ± 0.02c | 1.07 ± 0.04b | 2.51 ± 0.08b | 2.16 ± 0.08c | 0.51 ± 0.06bc | 8.43 ± 0.23b |
| | 35 | 0.37 ± 0.02d | 0.73 ± 0.01c | 3.39 ± 0.06a | 0.90 ± 0.09d | 0.27 ± 0.04c | 16.52 ± 0.63a |
| 现代品种 | 0 | 1.53 ± 0.01a | 1.58 ± 0.09a | 2.27 ± 0.14b | 5.03 ± 0.06a | 1.05 ± 0.06a | 3.73 ± 0.15c |
| | 7 | 1.13 ± 0.06b | 1.39 ± 0.11ab | 2.39 ± 0.14b | 3.60 ± 0.03b | 0.83 ± 0.05ab | 4.59 ± 0.06c |
| | 21 | 0.98 ± 0.02b | 1.21 ± 0.07b | 2.55 ± 0.10b | 2.91 ± 0.21c | 0.68 ± 0.05b | 8.58 ± 0.12b |
| | 35 | 0.41 ± 0.03c | 0.75 ± 0.02c | 3.43 ± 0.08a | 0.91 ± 0.08d | 0.32 ± 0.03c | 16.99 ± 0.53a |

（续）

| 品种 | 花后天数 | 磷含量（克/千克） | | | 磷吸收量（千克/公顷） | | |
|---|---|---|---|---|---|---|---|
| | | 茎秆 | 叶片 | 籽粒 | 茎秆 | 叶片 | 籽粒 |
| 2013—2014 | | | | | | | |
| 早期品种 | 0 | 1.21 ± 0.09a | 2.24 ± 0.08a | 1.46 ± 0.02d | 9.92 ± 0.60a | 3.28 ± 0.13a | 2.16 ± 0.15c |
| | 7 | 0.85 ± 0.07b | 1.86 ± 0.17ab | 2.26 ± 0.02c | 7.38 ± 0.65b | 2.75 ± 0.17b | 4.80 ± 0.29b |
| | 21 | 0.48 ± 0.05bc | 1.49 ± 0.07b | 2.87 ± 0.07b | 3.72 ± 0.46c | 2.10 ± 0.04c | 14.63 ± 0.63a |
| | 35 | 0.56 ± 0.06c | 1.34 ± 0.11b | 3.07 ± 0.02a | 3.20 ± 0.34c | 1.08 ± 0.06d | 15.71 ± 0.41a |
| 中期品种 | 0 | 1.31 ± 0.06a | 2.28 ± 0.08a | 1.48 ± 0.04c | 10.54 ± 0.22a | 3.99 ± 0.10a | 2.69 ± 0.02d |
| | 7 | 0.94 ± 0.06b | 2.10 ± 0.11a | 2.35 ± 0.05b | 8.68 ± 0.37b | 3.64 ± 0.06a | 5.76 ± 0.26c |
| | 21 | 0.77 ± 0.04bc | 1.53 ± 0.17b | 3.01 ± 0.07a | 6.45 ± 0.22c | 2.70 ± 0.08b | 17.22 ± 0.62b |
| | 35 | 0.60 ± 0.04c | 1.41 ± 0.01b | 3.14 ± 0.02a | 3.94 ± 0.35d | 1.59 ± 0.05c | 24.21 ± 0.47a |
| 现代品种 | 0 | 1.64 ± 0.16a | 2.35 ± 0.07a | 1.52 ± 0.06c | 12.38 ± 0.06a | 4.17 ± 0.03a | 4.35 ± 0.10d |
| | 7 | 1.11 ± 0.07b | 2.14 ± 0.29ab | 2.45 ± 0.01b | 9.62 ± 0.39b | 3.96 ± 0.09a | 9.70 ± 0.17c |
| | 21 | 0.97 ± 0.05bc | 1.67 ± 0.05ab | 3.16 ± 0.08a | 7.08 ± 0.51c | 2.83 ± 0.03b | 19.78 ± 0.39b |
| | 35 | 0.66 ± 0.01c | 1.58 ± 0.07b | 3.56 ± 0.24a | 3.62 ± 0.24d | 2.01 ± 0.05c | 33.05 ± 0.85a |

表 6－3 2013 和 2014 试验年内不同年代冬小麦品种花后 0 天、7 天、21 天和 35 天茎秆、叶片和籽粒钾含量和吸收量变化

| 品种 | 花后天数 | 钾含量（克/千克） | | | 钾吸收量（千克/公顷） | | |
|---|---|---|---|---|---|---|---|
| | | 茎秆 | 叶片 | 籽粒 | 茎秆 | 叶片 | 籽粒 |
| 2012—2013 | | | | | | | |
| 早期品种 | 0 | 13.62 ± 0.13a | 11.56 ± 0.71a | 11.58 ± 0.22b | 44.88 ± 0.35b | 6.04 ± 0.47a | 12.49 ± 0.60b |
| | 7 | 12.72 ± 0.34a | 8.62 ± 0.36b | 9.19 ± 0.51c | 47.48 ± 0.15a | 4.34 ± 0.31b | 12.82 ± 0.28b |
| | 21 | 10.00 ± 0.25b | 7.37 ± 0.42b | 5.57 ± 0.48d | 29.07 ± 0.54c | 3.53 ± 0.43b | 14.55 ± 0.15b |
| | 35 | 6.04 ± 0.30c | 4.37 ± 0.43c | 17.01 ± 0.51a | 13.10 ± 0.52d | 1.48 ± 0.10c | 62.82 ± 1.24a |
| 中期品种 | 0 | 14.70 ± 0.28a | 12.63 ± 0.68a | 12.47 ± 0.02b | 49.89 ± 0.22a | 7.61 ± 0.33a | 19.43 ± 0.60b |
| | 7 | 13.91 ± 0.45a | 8.65 ± 0.26b | 9.40 ± 0.14c | 43.73 ± 0.26b | 4.61 ± 0.34b | 16.93 ± 0.26c |
| | 21 | 11.33 ± 0.25b | 8.21 ± 0.26b | 5.84 ± 0.02d | 38.05 ± 0.32c | 3.87 ± 0.32b | 19.69 ± 0.14b |
| | 35 | 8.43 ± 0.22c | 4.86 ± 0.09c | 17.09 ± 0.30a | 20.77 ± 0.38d | 1.85 ± 0.35c | 83.47 ± 0.71a |
| 现代品种 | 0 | 14.76 ± 0.16a | 12.98 ± 0.13a | 12.76 ± 0.31b | 48.59 ± 0.78a | 8.61 ± 0.07a | 21.03 ± 0.45b |
| | 7 | 14.26 ± 0.17a | 9.55 ± 0.73b | 9.88 ± 0.73c | 45.01 ± 0.84b | 5.73 ± 0.29b | 18.98 ± 0.27b |
| | 21 | 14.01 ± 1.17a | 8.21 ± 0.44b | 5.89 ± 0.42d | 41.62 ± 0.59c | 4.63 ± 0.47b | 19.81 ± 0.35b |
| | 35 | 10.87 ± 0.60b | 5.19 ± 0.20c | 17.43 ± 0.68a | 24.38 ± 0.17d | 2.23 ± 0.33c | 86.35 ± 1.68a |

（续）

| 品种 | 花后天数 | 钾含量（克/千克） | | | 钾吸收量（千克/公顷） | | |
|---|---|---|---|---|---|---|---|
| | | 茎秆 | 叶片 | 籽粒 | 茎秆 | 叶片 | 籽粒 |
| 2013—2014 | | | | | | | |
| 早期品种 | 0 | 14.47 ± 0.41a | 18.13 ± 0.50a | 8.56 ± 0.47b | 118.96 ± 0.16a | 26.86 ± 0.55a | 12.65 ± 0.76c |
| | 7 | 11.80 ± 0.50b | 15.95 ± 0.47a | 6.46 ± 0.24bc | 101.63 ± 1.05b | 23.59 ± 0.47b | 13.67 ± 0.38c |
| | 21 | 9.46 ± 0.54c | 11.74 ± 0.68b | 4.33 ± 0.23c | 73.34 ± 0.88c | 16.50 ± 0.33c | 22.17 ± 0.46b |
| | 35 | 8.55 ± 0.26c | 5.22 ± 0.29c | 17.31 ± 0.76a | 49.07 ± 0.59d | 4.10 ± 0.23d | 88.72 ± 0.21a |
| 中期品种 | 0 | 16.58 ± 0.18a | 20.87 ± 0.31a | 9.15 ± 0.31b | 133.08 ± 0.99a | 36.42 ± 0.78a | 16.70 ± 0.90c |
| | 7 | 13.73 ± 0.33b | 18.62 ± 0.67b | 6.64 ± 0.27c | 126.66 ± 1.66b | 32.41 ± 0.74b | 16.28 ± 0.66c |
| | 21 | 12.62 ± 0.15b | 13.93 ± 0.41c | 5.02 ± 0.35c | 105.98 ± 0.48c | 24.49 ± 0.60c | 28.84 ± 0.20b |
| | 35 | 11.35 ± 0.33c | 5.50 ± 0.42d | 19.25 ± 0.55a | 74.46 ± 0.37d | 6.26 ± 0.66d | 150.30 ± 3.31a |
| 现代品种 | 0 | 17.45 ± 0.19a | 21.28 ± 0.66a | 9.70 ± 0.41b | 132.65 ± 1.49b | 37.95 ± 0.60a | 28.11 ± 0.98c |
| | 7 | 15.75 ± 0.42b | 21.12 ± 0.44a | 6.98 ± 0.27c | 138.23 ± 0.40a | 39.32 ± 0.85a | 27.25 ± 0.34c |
| | 21 | 14.97 ± 0.48b | 16.77 ± 0.64b | 6.10 ± 0.29c | 109.31 ± 1.65c | 28.35 ± 0.65b | 38.25 ± 0.27b |
| | 35 | 11.82 ± 0.27c | 6.70 ± 0.04c | 21.83 ± 0.55a | 65.28 ± 0.24d | 8.69 ± 0.33c | 200.08 ± 2.12a |

后茎秆钾吸收量较叶片依然高 3.5～8.7 倍。随生育期推进，茎秆和叶片花后钾含量和吸收量与磷表现相同，呈下降趋势。而籽粒钾含量只在扬花期至花后第 21 天呈下降趋势，其后至成熟期逐渐增加，并显著高于扬花期，其中花后第 35 天较第 21 天平均高出 198%和 368.7%。随品种的更替，钾含量和吸收量依然显著增加，现代品种茎秆、叶片和籽粒较早期品种分别增加了 31%、21%和 14%，较中期品种增加了 11%、8%和 7%；钾吸收量则分别高 24%、49%、78%和 3%、16%、22%。

## 第三节 不同器官养分含量和吸收量关系

除 2013 试验年籽粒磷和钾含量和 2014 试验年叶片磷含量外，花后不同生长期和小麦品种对植株茎秆、叶片、籽粒养分含量和吸收量均存在显著影响（表 6-4）。两试验年内花后生长期和品种间的交互作用存在明显不同，其中 2013 试验年交互作用对籽粒氮、磷和钾含量与叶片磷和钾含量无显著影响，而 2014 试验年则对茎秆、叶片、籽粒氮和磷含量无显著影响；对植株不同器官养分吸收量则除两试验年内叶片磷吸收量和 2013 试验年叶片钾吸收量无显著影响外，对所有器官养分吸收量均存在显著影响。

**表 6-4 2013 和 2014 试验年内不同花后天数、品种及其交互作用对小麦茎秆、叶片和籽粒氮、磷和钾养分含量和吸收量的相关分析**

| 变量 | 2013 | | | 2014 | | |
|---|---|---|---|---|---|---|
| | 花后天数 | 品种 | 交互作用 | 花后天数 | 品种 | 交互作用 |
| 养分含量 | | | | | | |
| 茎秆氮 | **** | **** | *** | **** | **** | NS |
| 叶片氮 | **** | **** | **** | **** | **** | NS |
| 籽粒氮 | **** | **** | NS | **** | **** | NS |
| 茎秆磷 | **** | **** | *** | **** | **** | NS |
| 叶片磷 | **** | ** | NS | **** | NS | NS |

（续）

| 变量 | 2013 | | | 2014 | | |
|---|---|---|---|---|---|---|
| | 花后天数 | 品种 | 交互作用 | 花后天数 | 品种 | 交互作用 |
| 籽粒磷 | **** | NS | NS | **** | **** | NS |
| 茎秆钾 | **** | **** | *** | **** | **** | ** |
| 叶片钾 | **** | ** | NS | **** | **** | *** |
| 籽粒钾 | **** | NS | NS | **** | **** | *** |
| 养分吸收量 | | | | | | |
| 茎秆氮 | **** | **** | **** | **** | **** | **** |
| 叶片氮 | **** | **** | **** | **** | **** | *** |
| 籽粒氮 | **** | **** | **** | **** | **** | **** |
| 茎秆磷 | **** | **** | **** | **** | **** | ** |
| 叶片磷 | **** | **** | NS | **** | **** | NS |
| 籽粒磷 | **** | **** | **** | **** | **** | **** |
| 茎秆钾 | **** | **** | **** | **** | **** | **** |
| 叶片钾 | **** | **** | NS | **** | **** | **** |
| 籽粒钾 | **** | **** | **** | **** | **** | **** |

注：表中 * 代表 0.05 水平上线性关系显著； ** 代表 0.01 水平上线性关系显著，*** 代表 0.001 水平上线性关系显著；NS 代表无显著关系。

## 第四节　小　　结

许多一年生作物花后地上部氮、磷和钾含量随作物生长呈逐渐下降趋势，而与之相反，由于地上部生物量不断累积（Zhao et al.，2009），植物氮、磷和钾吸收量则呈增加趋势。然而，本研究中植株氮和钾含量在花后第 0 天至 21 天呈逐渐下降趋势，但至第 35 天则较之前显著增加，而磷含量在第 21 天出现增加趋势，其增加原因可以归于籽粒养分含量的显著增加，花后第 35 天籽粒氮、磷和钾含量较第 21 天平均高出 32.9%、34.7%和 198%。

与作物籽粒干物质积累不同，植株氮、磷和钾花后的吸收并不能满足籽粒对于养分的需求，因此进一步运移和循环利用花前营养器官中储存的养分成为必要。但植株叶片中氮、磷和钾同时参与叶片光合作用，如果运移和利用叶片中储存的养分将影响叶片光合作用，在维持作物叶片光合作用和运移利用叶片中储存的养分之间存在矛盾。众多育种学家希冀于新品种可以拥有较长的光合作用持续时间，进一步推迟叶片衰老并拥有较高花后养分吸收效率，降低花后叶片中储存养分的运移和利用，减少对叶片光合作用的影响。本研究中，植株氮、磷和钾的吸收更多来源于花前的积累，同时早期品种明显多于现代品种，但花后 35 天现代品种植株茎秆、叶片和籽粒中营养元素均高于之前品种，由此可以看出随品种的更替，小麦养分吸收效率增高，并降低了花后营养器官中养分的运移和利用量，减少对作物光合作用的影响。同时，养分的吸收主要依赖于根系碳水化合物的供给（Rajcan et al.，1999），现代品种较之前品种根系更加发达（孙嬰嬰，2015），这些都利于花后光合作用的增强，进一步增加作物产量。已有研究表明，灌浆期籽粒干物质积累量与籽粒中氮含量呈极显著正相关（Seebauer et al.，2010；Ciampitti et al.，2011），现代品种籽粒氮含量分别较早期和中期品种增加了13%和 6%。除氮含量外，现代品种较之前品种灌浆期可以吸收更多的磷和钾，而多吸收的营养元素可以有效延缓现代品种叶片的衰老，并进一步维持叶片的光合作用，促使形成更高的籽粒产量。

不同年代冬小麦品种植株氮和磷吸收变化趋势随生育期推进表现出一定相似性，但钾吸收却存在显著差异，钾的吸收与氮、磷间存在一定不同步性，这种差异或许是由不同营养元素在植株体内的作用不同导致。籽粒对于钾元素的吸收存在很大选择性，除花后 35 天即成熟期外，籽粒中钾含量和吸收量均低于同时期茎叶，而籽粒中氮和磷含量和吸收量则随生育期的推进逐渐增加。同时，钾在茎叶和籽粒中的含量和吸收量在花后逐渐降低，表明钾的有效吸收均出现在营养生长阶段，而在生殖生长阶段不同器官不吸收或只吸收少量的钾元素，这与 Hocking（1994）研究结果相同。

冬小麦氮、磷和钾的吸收主要来源于花前的积累，早期品种明显多于现代品种。随品种的更替，小麦吸收养分效率逐渐增高，花后营养器官中养分的运移和利用量也随之降低。现代品种籽粒中氮、磷和钾含量较之前品种显著增加，多吸收的营养元素可以有效延缓叶片的衰老，并进一步维持叶片的光合作用，促使形成更高的籽粒产量。氮、磷和钾的吸收在作物体内存在一定异步性，其可能与不同营养元素在植株体内的作用不同有关。同时，籽粒对于钾元素的吸收存在很大选择性，且钾的有效吸收均出现在营养生长阶段，而在生殖生长阶段不同器官不吸收或只吸收少量的钾元素。

7

# 第七章

# 相同肥力条件小麦品种生育期土壤水分消耗动态演变

地球陆地表面接近45%的地区为干旱半干旱地区，作为全球陆地的特殊组成部分，干旱半干旱农业系统组成了地球最大的生物群落，是粮食生产不可或缺的组成部分。有限的水资源是限制作物生产的主要因素，特别是在春天温度较低的地区。尽管部分地区存在灌溉条件，但半干旱地区作物生长所需的水资源依然大部分来自自然降水。未来如果降水减少，则将导致多数主要粮食作物减产，威胁半干旱地区粮食生产安全。同时，随着世界人口的不断增加和气候条件的恶化，合理优化发展雨养农业区水资源管理措施是保证地区粮食安全和可持续发展的有效途径。

黄土旱塬地区具有典型的半干旱季风气候，年降水主要集中在7—9月，占总降水量的50%以上，冬小麦作为该地区主要的粮食作物常年受到干旱的胁迫，产量显著低于其他地区。本研究系统分析种植不同年代小麦品种土壤储水量随降水量的动态变化过程，土壤水分剖面分布及其变异特征，为黄土旱塬区农田土壤有限水资源的持续利用提供理论依据，以期促进该地区水资源管理的合理发展。

## 第一节　小麦生育期土壤水分消耗动态

### 一、小麦品种生育期土壤水分剖面分布及其变异特征

不同年代小麦种不同生育期土壤剖面水分含量变化存在差异

(图 7－1)。随生育期推进，300 厘米土层内土壤含水量均逐渐较少，200～300 厘米减少较缓，而 0～200 厘米内则波动剧烈。由于 2013 试验年内降水少，属干旱年，所以其土壤含水量均低于 2014 试验年。除播前外，不同年代品种不同生育期 0～50 厘米土壤含水量逐渐降低，50 厘米以下呈增加趋势。深层平均土壤含水量高于表层，其中 2013 试验年内中期品种 200～300 厘米含水量最高，早期品种次之，现代品种最低，分别较 0～100 厘米含水量高出 10.2％、4.7％和 2.8％；2014 试验年中期和现代品种 200～300 厘米含水量相同，均高于早期品种，分别较 0～100 厘米含水量高出 11％、8.5％和 12％。表层受降水和小麦根系的影响，土壤水分差异较大，随土层加深，差异逐渐减弱。0～100 厘米的土层深度内，不同试验年内不同生育期土壤含水量存在明显差异，并随着土层的加深差异逐渐减小，深层土壤含水量 2013 试验年稳定在 14.8％左右，2014 试验年稳定在 17.1％左右。100～200 厘米土层含水量存在逐渐上升的过程，土壤含水量得到适当补充，与王艳萍等 (2014) 研究结果类似，其主要原因可能是 0～100 厘米土层土壤水分消耗较大，导致下层水分向上层土壤补充。土壤含水量空间尺度上具有高度的异质性，受许多综合性因素的影响，主要包括地形和土地利用方式、自然降水和土壤蒸散等。不同年代冬小麦品种不同土层间土壤含水量的差异较大，变异系数直接反映年际间土壤水分差异。变异系数值越小，表示不同土层内土壤含水量变化越小 (刘红英等，2005)；反之，则越剧烈。土壤水分变化结果表明 (图 7－2)，不同试验年不同品种小麦均表现为随土层深度增加，土壤含水量变异系数减弱，稳定性增强。0～100 厘米土层内土壤含水量变异系数较大，其可能由于土壤表层孔隙密集、容重值低，使得土壤干湿变化剧烈，造成土壤含水量变异系数大；同时，土壤表层蒸发剧烈、降水入渗和植物根系吸水等过程也会对 0～100 厘米土层内土壤含水量变异系数造成直接影响。而 200～300 厘米土壤含水量变异系数较小，土壤水分趋于相对稳定状态，主要原因可能是随土层加深，土壤水分受外界环境影响变小所致。随品种的更替，土壤含水量变异系数逐渐减小，现代品种 300 厘米土层内平均较中期品种和早期品种在干旱的 2013 试验年减少 3.3%、13.5%，在相对湿润的 2014 试验年减少 3.5%、1.1%，季节间土壤含水量波动减缓。

不同年代品种小麦土壤含水量年际变化具有明显特征，自上而下呈 S 形分布（图 7－3）。与不同生育期变化表现相似，50 厘米左右土壤含水量最低，50～100 厘米呈增加趋势，其后趋于稳定，深层土壤含水量依然高于表层。不同试验年相同品种年际土壤含水量表现不同，2013 试验年现代品种平均含水量与中期品种相同，均高于早期品种；而在 2014 试验年现代品种则与早期品种相同，高于中期品种。

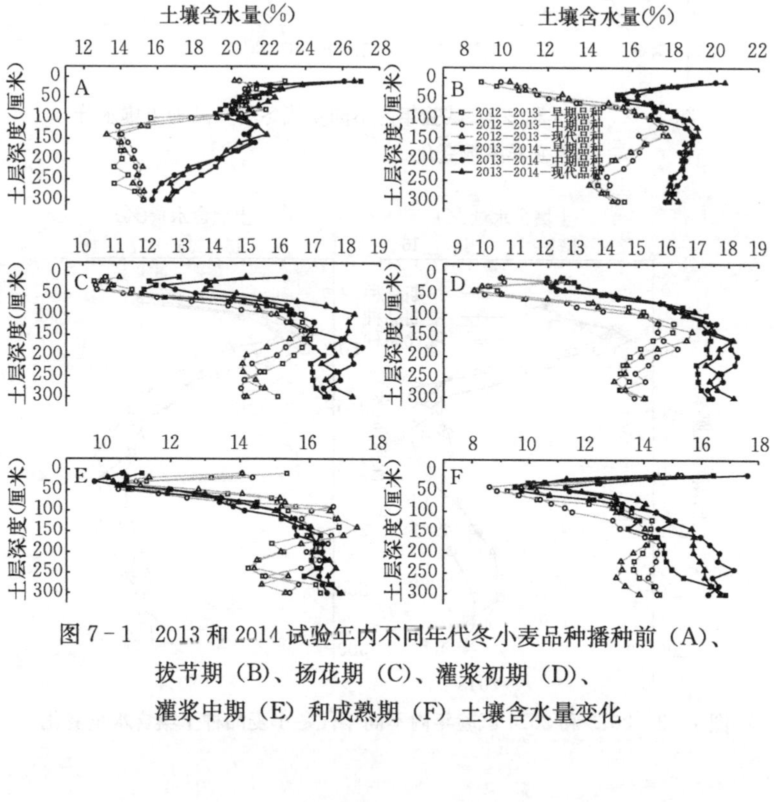


图 7－1　2013 和 2014 试验年内不同年代冬小麦品种播种前（A）、拔节期（B）、扬花期（C）、灌浆初期（D）、灌浆中期（E）和成熟期（F）土壤含水量变化

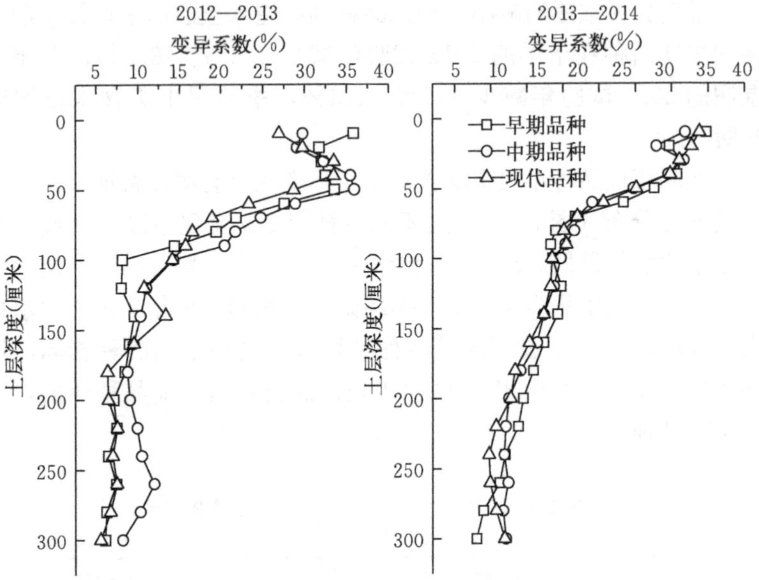


图 7-2 2013 和 2014 试验年内不同年代冬小麦品种土壤水分季节变异系数变化

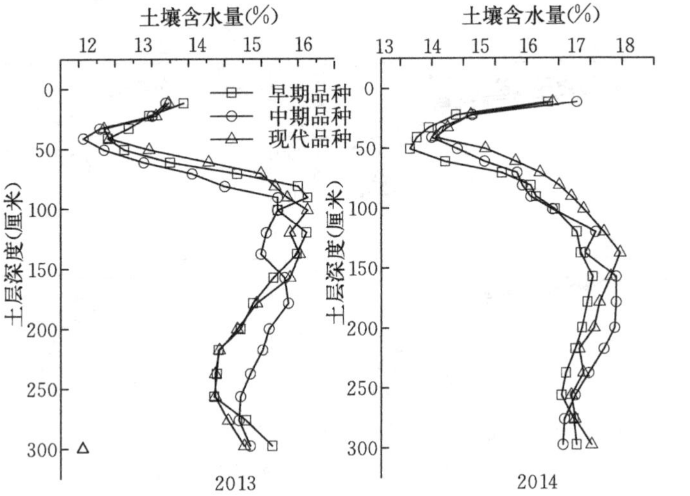


图 7-3 2013 和 2014 试验年内不同年代冬小麦品种土壤含水量变化

## 二、小麦品种生育期土壤土层储水量和降水量变化

降水是雨养农业区土壤水分补充的唯一来源，是影响土壤水分变化的主要原因。生育期内降水主要集中在4—6月（图7-4），占整个生育期的58.9%。12月至第二年4月，该地区基本无降水，土壤储水量逐渐减少。对不同年代品种小麦播前至成熟期0～300厘米土壤储水量的测定表明（图7-5），2013试验年内：早期品种>中期品种>现代品种；而2014试验年则表现相反：现代品种>中期品种>早期品种。在观测期内，由于小麦生长初期只有少量降水补充，拔节后生长加快，耗水增加，土壤储水量依次递减。2013试验年灌浆中期储水量有所提高，主要是此时期降水骤然增加所致。受降水和蒸发蒸腾过程的影响，土壤储水量有一定的起伏，播种前由于有休闲期降水补充，此时期土壤储水量最高，2013试验年内早期、中期和现代品种0～300厘米储水量分别为647.2毫米、651.6毫米、653.6毫米，2014试验年则为779.1毫米、767.3毫

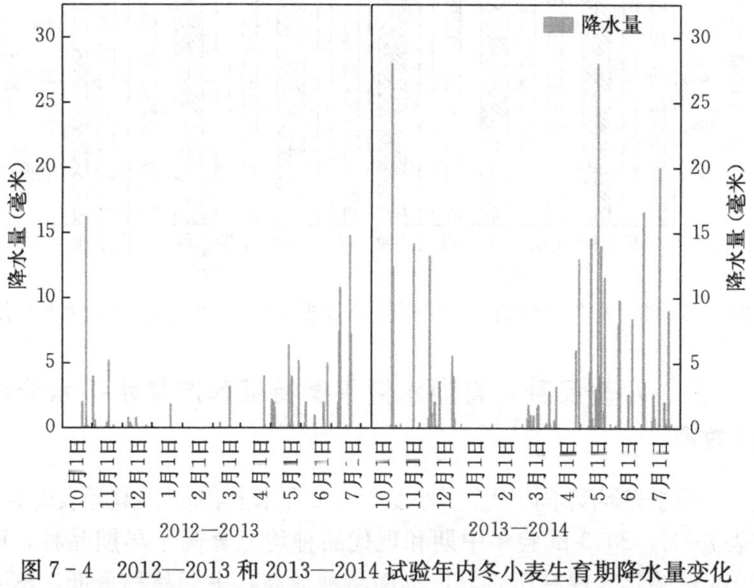


图7-4 2012—2013和2013—2014试验年内冬小麦生育期降水量变化

米、784.7 毫米。该地区由于拔节期降水较少，气温开始回升，土壤表层蒸发潜力变大，同时小麦根系吸水增加、生长发育速度加快，导致土壤水分消耗大于补给，所以储水量逐渐减少；在扬花期以后，尽管降水量较拔节期增多，但小麦生长发育的耗水量仍然大于补给，土壤储水量继续下降，但此后下降幅度较之前显著减缓；此后由于气温升高，蒸发蒸腾剧烈，使得土壤储水量达到最低。2013 试验年内早期、中期和现代品种成熟期 0～300 厘米储水量分别达到 521.7 毫米、511.0 毫米、515.1 毫米，较播种前降低了 19.4%、21.6%、21.2%；2014 试验年为 549.0 毫米、597.7 毫米、582.5 毫米，较播种前降低了 29.5%、22.1%、25.8%。

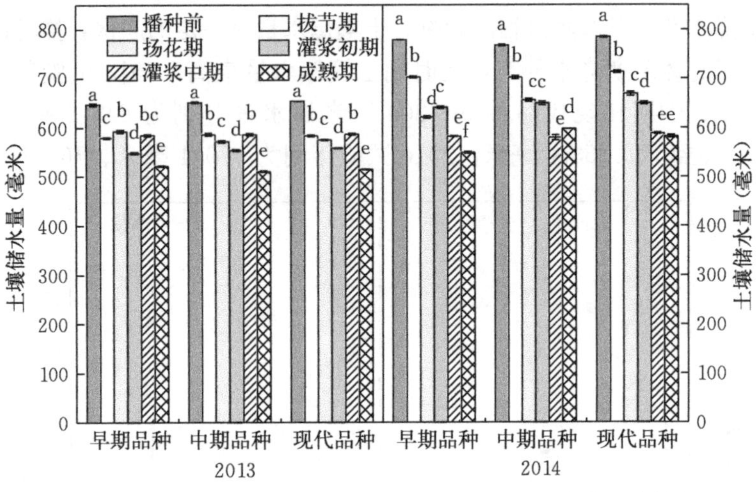


图 7-5　2013 和 2014 试验年内不同年代冬小麦品种不同生育期土壤储水量变化

## 三、小麦品种生育期水量平衡特征和产量水平水分利用效率

不同试验年不同年代品种小麦 0～300 厘米土壤储水变化量表现不同（表 7-1），2013 试验年中期和现代品种均显著高于早期品种，而 2014 试验年表现有所差异，早期品种最高，中期品种最低。不同

年代品种小麦作物耗水量与土壤储水变化量相同。从作物耗水组成看，降水占总耗水量的比例较高，达 60.4%～68.5%；土壤储水量占总耗水量的比例较低，为 31.5%～39.6%。降水量所占比例越高，则需要土壤储水量越少，但由于该地区缺少灌水，年降水均不能满足作物的生长发育，小麦仍需要利用很大一部分土壤储水，旱作农业的不断发展并没有改变此种现象。

随品种的更替，不同年代小麦产量水平水分利用效率明显增高。2013 试验年现代品种较早期品种和中期品种分别增加 50%和 5.9%，而在 2014 试验年则分别激增至 73.7%和 43.5%。可见，随品种的更替，现代品种较早期品种水分利用效率平均增加 62%，较中期品种增加 25%，表明品种的改良能显著提高作物产量水分利用效率。同时，随着降水的增加，该地区小麦产量水分利用效率也随之提高，不同年代品种小麦水分利用效率分别提高了 137.5%、102.9%和 175%，现代品种提高最多。

**表 7-1　2013 和 2014 试验年内不同年代冬小麦品种耗水量组成**

| 变量 | 降水量/总耗水量（%） | 土壤储水量/总耗水量（%） | 土壤储水变化量（毫米） | 作物耗水量（毫米） | 产量水分利用效率［千克/（毫米·公顷）］ |
|---|---|---|---|---|---|
| 2013 | | | | | |
| 早期品种 | 63.1 | 36.9 | 125.5b | 339.9b | 2.4b |
| 中期品种 | 60.4 | 39.6 | 140.6a | 355.0a | 3.4a |
| 现代品种 | 60.7 | 39.3 | 138.5a | 352.9a | 3.6a |
| 2014 | | | | | |
| 早期品种 | 61.6 | 38.4 | 230.1a | 599.3a | 5.7c |
| 中期品种 | 68.5 | 31.5 | 169.5c | 538.7c | 6.9b |
| 现代品种 | 64.6 | 35.4 | 202.2b | 571.4b | 9.9a |

## 第二节 小　　结

由于土壤0～200厘米土层水分含量受地形和土地利用方式、自然降水和土壤蒸散等的影响，变化剧烈，因此200厘米以下土层可以更加有效地反映出不同因素对土壤剖面水分含量的长期影响（樊军 等，2004）。本研究中不同年代小麦品种由1995年种植至今，在2013和2014试验年连续两年的田间试验中，由于降水量存在显著差异，后者深层土壤含水量较前者多出2.3%左右。同时，在干旱的2013试验年，现代品种深层土壤含水量和储水量均低于之前品种，现代品种在高产前提下，消耗掉了更多的土壤水分，其可能是由于现代品种根系发达所致。而在2014试验年，则与之前表现完全相反，现代品种在满足正常的水分需求后，需水量逐渐降低，较少的水分促使更多的籽粒产量形成，反映出现代品种水分利用效率显著提高。不同年代小麦品种土壤储水量和降水的变化趋势在时间尺度上保持一致，但在时间上却明显滞后于降水。已有研究表明，与同时期降水量最大值出现的时间相比，土壤水分补偿效果显现的时间通常延后一个月左右，主要原因是作物根系吸水和水分的垂直入渗具有滞后性造成的，说明土壤水分向下再分配持续时间较长（黄志刚 等，2007；李洪建 等，2003）。

不同年代小麦品种同一生育期土壤含水量变化趋势基本相同，但年际间却存在明显差异，品种的改良并没有改变该地区冬小麦对土壤水分的利用方式，土壤水分年际间的变化主要是由年际间的降水补充差异造成的，与降水量的年际变化基本一致，这与杨海军等（1993）研究结果相同。我国农田灌溉用水占水资源总消耗量的84%，但如此高的比例依然不能满足所有农业区所需水分，黄土旱塬区由于水资源短缺，农田用水基本全部来自季节降水。农田生态系统耗水主要为两部分，一部分为蒸发，另一部分是渗漏，前者属于纯消耗，后者属于补给潜水，但不能被植物有效利用，也属于无效水分消耗（王积强 等，1995；胡克林 等，2006）。不同小麦品种，生长好且产量高的品种蒸腾可能较大，生长差产量低的土壤水分无效蒸发可能较大，最终均严重消耗土壤储水量。不同年份间可能存在一定差异，但均比较接近（廖允成，2002）。这与本研究结果一致，不同年代冬小麦品种土壤年际含水量和生育期含水量均无很大差异。因此，黄土旱塬区在不断改良小麦品种的同时，应适当结合保护性耕作等土壤保墒节水措施，进一步抑制土壤水分的无效蒸发，提高小麦产量。

随冬小麦品种的不断改良，黄土旱塬区小麦产量水平和水分利用效率显著提高，但受干旱胁迫的影响，现代品种在形成高产的同时，消耗掉了更多的土壤水分，其可能是由于现代品种根系发达所致。不同品种同一生育期土壤含水量变化趋势基本相同，但年际间却存在明显差异，品种的改良并没有改变该地区冬小麦对土壤水分的利用方式，土壤水分年际间的变化主要是由年际间的降水补充差异造成的，与降水量的年际变化基本一致。黄土旱塬区在不断改良小麦品种的同时，应适当结合保护性耕作等土壤保墒节水措施，进一步抑制土壤水分的无效蒸发，提高小麦产量。

8

# 第八章

# 不同氮肥条件小麦品种农艺性状演变

氮素是小麦作物生长发育过程中不可缺少的营养元素之一，如果小麦缺氮，会在生长过程中影响到植株各器官的发育；如果氮含量太高，也会使小麦出现营养体徒长、生育期延迟、抗逆能力下降、减产降质等现象；适宜的氮含量则不仅能促进小麦生长发育，更有利于其增产保质，科学施氮是保持小麦高产、稳产的最主要栽培措施之一。本研究连续两年采用随机区组设计，设 5 个肥料水平，旨在探索小麦品种更替过程中其农艺性状演变，明确不同年代小麦品种农艺性状对氮肥的响应。

## 第一节　植株性状演变

随着小麦品种更替株高呈递减趋势，茎节缩短，品种间在株高和茎节长上有显著差异。以 20 世纪 40 年代农家品种五指麦的株高为基数，则株高在 70 年间降低了 30.59%左右，年平均降低 0.44%（图 8－1）。纵观 70 年间株高改良的整个过程可以发现，株高的降低主要经历了三个阶段，20 世纪 70 年代中期以前，不同品种株高均保持在 100 厘米以上，70 年代后期至 80 年代末在 80～100 厘米，90 年代至今则皆控制在 70 厘米左右。植株过高，倒伏情况严重，是当时限制产量提高的主要因素之一，旗叶制造的光合产物与根系吸收的养分过度消耗在植株营养生长上，使生殖生长得不到充分的养分供应。

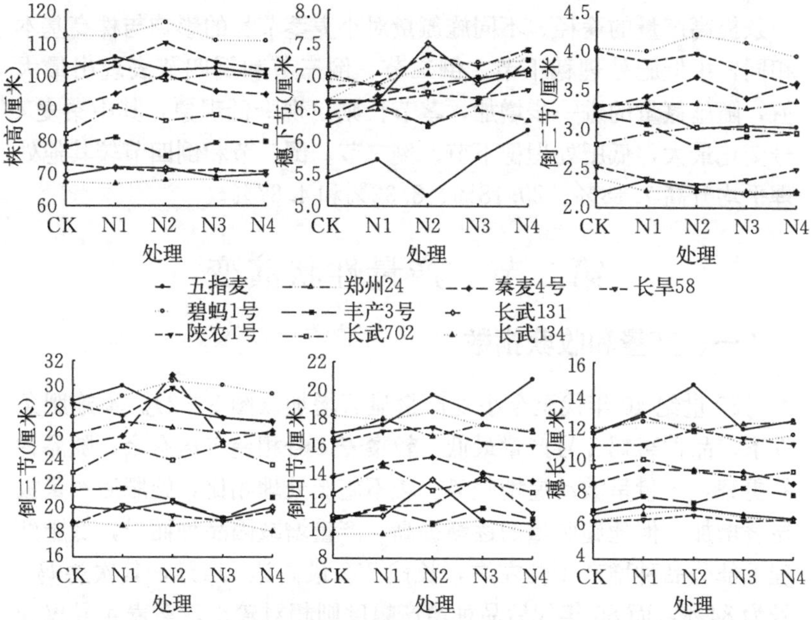


图 8-1　不同氮肥条件不同年代冬小麦品种植株性状演变

品种间茎节长变化趋势与株高相似，三个阶段品种间各茎节长均差异显著，不同茎节间长度表现出不同的下降趋势，与 50 年代初品种碧蚂 1 号相比，长旱 58 穗下节、倒二节、倒三节和倒四节依次缩短了 40.46%、26.31%、33.18%和 45.69%，穗下节和倒四节最为明显。除农家种五指麦外，70 年间不同品种间穗长则无明显变化，依然保持在 6.5～7.2 厘米。

品种不同对氮肥的响应有所差异，中低肥处理株高总体表现较高，五指麦、郑州 24、丰产 3 号和长武 702 分别在低肥下最高，碧蚂 1 号、陕农 1 号和秦麦 4 号则在中肥下最高，而现主推品种长武 134 与长旱 58 表现略有差异。穗长随施氮量的增加总体表现出递增的趋势，丰产 3 号穗长增加最为明显，达 16.11%，其次为五指麦（13.42%），而郑州 24、长武 702 与长旱 58 则影响较小，仅在 1.9%～3.1%之间。如能对类似丰产 3 号与五指麦等穗长对施肥量敏感的品种适当提高结实率，则可成为除提高产量三要素外另一条提高产量的途径。不同施氮量对小麦茎节长的影响与株高基本相同，中低肥处理穗下节、倒二节、倒三节和倒四节表现出最大值，随施氮量的进一步增加，茎节长则出现降低现象，其中秦麦 4 号变化最大，低肥处理穗下节、倒二节、倒三节和倒四节较其他处理平均升高 7.18%、20.18%、8.32%和 4.87%。

## 第二节　产量性状演变

### 一、产量和收获指数

20 世纪 40 年代至今小麦产量显著增加（图 8－2）。不施肥条件下，品种碧蚂 1 号产量最低，较秦麦 4 号相差 1 倍有余，随品种的更替，产量呈波动递增趋势。较不施肥处理相比，施肥后产量极显著增加，但随施肥量的逐渐提高，产量增减因品种而异，低肥处理下部分品种增产 1 倍左右，长武 702 最高达 114%，其次碧蚂 1 号为 84%，而 80 年代后品种增产幅度则相对较小，秦麦 4 号仅为 10%，长武 134 次之；增施氮肥至 120 千克/公顷及更高施氮水平，产量增加则相对较小，甚至出现降低现象，现主推品种长旱 58、长武 134 产量在中高肥处理下达到最高值，较其他三个施肥处理平均增加 11.22%和 3.37%，后者受肥力变化影响较小。可见，随品种的更替，继续增施氮肥并不能带来产量的显著提高，应从其他途径突破产量增长的瓶颈。

小麦收获指数是指籽粒产量与地上部生物学产量的百分率。在作物生产潜力、产量生理和品种改良等研究方面被视为一个重要的生物学参数。众多的研究表明，近代小麦品种籽粒产量的提高主要表现在收获指数的提高。增施氮肥后，收获指数与产量变化表现相同，均呈显著增加，增幅在 50%左右，其中碧蚂 1 号和长武 702 达到 90%和 100%。而随施氮量的继续增加，收获指数变化幅度骤减，且同品种间普遍出现降低现象，变化规律因品种而异，峰值一般出现在中肥处理下，秦麦 4 号、郑州 24 不同施肥量间差异最大，

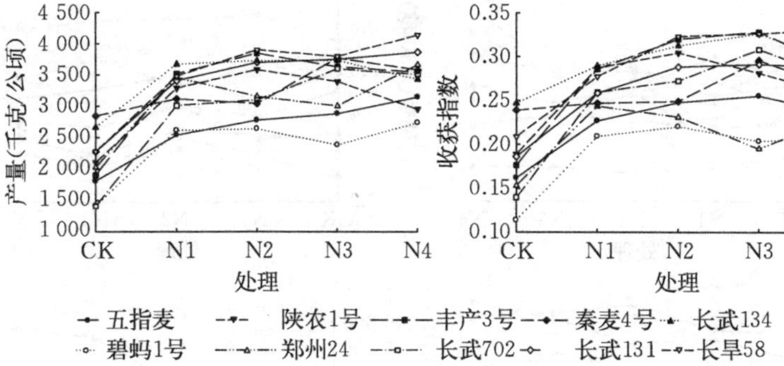


图 8-2　不同氮肥条件不同年代冬小麦品种产量和收获指数的演变

为 19.71%和 24.67%。收获指数随品种的更替总体表现出递增的趋势，株高的降低、产量的增加，是收获指数提高的主要原因，同样以 20 世纪 60 年代以前与 90 年代以后各品种收获指数的平均值为基数，70 年来产量提高了 40.83%，年均增长 0.58%，与产量结果相近。

## 二、产量三要素与生物量

千粒重随小麦品种的更替呈显著性增加，20 世纪 80 年代之后品种与之前品种差异达极显著水平，穗粒数则差异相对较小，而生物量各品种间几乎无显著差异（图 8-3）。

随品种的更替，除郑州 24 因品种特性使得穗粒数在不同处理下始终表现较低外，70 年间穗粒数几乎无显著差异，保持相对稳定状态，增施氮肥对小麦穗粒数影响较小，同一品种内几乎无显著变化，上下浮动均保持在 3 粒左右，每穗在 25～30 粒，但当氮肥施用量增加至 240 千克/公顷后，长旱 58、丰产 3 号穗粒数较其他处理显著增加，分别由每穗约 28 粒提高至每穗约 34 粒和每穗约 30 粒提高至每穗约 36 粒，其他品种则变化较小。

由亩穗数的演变可以发现，70 年来亩穗数的变化主要分为两个阶段，以 20 世纪 80 年代为主要分界线，之前品种均保持在 25 万穗以上，个别品种达到每亩 30 万穗以上，而 80 年代以后育成的品种

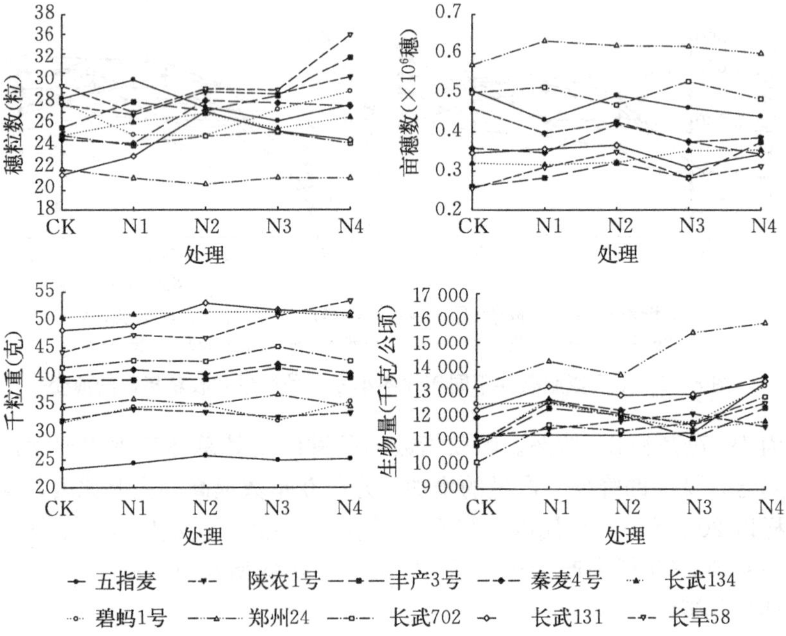


图 8-3 不同氮肥条件不同年代冬小麦品种产量三要素与生物量的演变

亩穗数则普遍降低，均在 25 万穗以下。增施氮肥对亩穗数的影响因品种而异，无明显变化规律，五指麦、碧蚂 1 号不施肥条件下亩穗数最高，增施氮肥后反而出现降低，分别由原 30.6 万穗和 25.9 万穗左右降至 23 万穗和 17 万穗左右，而秦麦 4 号、长武 131、长旱 58 则在中肥处理下表现最高，较其他处理增幅为 8%～20%，陕农 1 号、丰产 3 号、长武 134 则在高肥处理下表现最高，增幅为 8%～30%。

千粒重是现阶段产量增加的主要因素，随品种的更替，千粒重基本呈直线增加趋势，每一次品种变更，千粒重都有所增加，至 90 年代初期，随着新品种长武 131 的育成，千粒重较之前品种出现激增，由当时 40 克左右提高至 50 克左右，增幅近 25%，而 90 年代以后品种长武 131、长武 134 和长旱 58 三者千粒重相近，较五指麦提高近 1 倍。与不施肥相比，施肥后同一品种内千粒重均有所增加，除长旱 58 在高肥处理下千粒重表现最高外，其余品种千粒重最大值均出现在中肥处理。可见，氮肥施用量在 120 千克/公顷和 180 千克/公顷最适宜，过高或过低的施肥均不利于小麦千粒重的增加，且通过长武 131、长武 134 和长旱 58 千粒重的表现可以看出，现阶段小麦生产主要依赖化肥的使用，化肥用量的增加是高产的保证。

增施氮肥对小麦生物量的积累起促进作用，随氮肥施用量的增加，生物量呈波动递增趋势，碧蚂 1 号、长武 131 等最高值普遍出现在高肥下，与不施肥处理相比，增幅分别为 5.85％和 9.66％，其余品种均在 10％以上，长武 702 最明显达 26.44％，郑州 24 次之，而只有陕农 1 号和长武 134 表现有所差异，生物量最大值出现在中低肥条件下。纵观 70 年间品种改良过程可以发现，随品种的更替，生物量几乎无显著变化，始终处于 11 000～13 000 千克/公顷，株高降低的同时，籽粒产量得到有效提高，这可能是生物量无显著变化的主要原因。

## 三、穗粒数、亩穗数、千粒重与产量关系

各种农艺性状对产量的作用非常复杂，性状间既存在对产量的直接作用，又可通过其他性状对产量产生间接影响。某一性状发生变化时，会导致其他性状发生相应的改变。通过对各性状进行通径分析，可以估算出性状间的直接作用和间接作用。

以 70 年来各时期主栽品种产量三要素数据进行通径分析，其结果表明：

未施肥情况下各性状对产量的总效应通径系数大小顺序为（表 8－1）：千粒重（0.498 2），穗粒数（－0.247 0），亩穗数（－0.512 9）。施氮肥 60 千克/公顷情况下各性状对产量的总效应通径系数大小顺序为：千粒重（0.718 5），亩穗数（－0.233 4），穗粒数（－0.255 9）。施氮肥 120 千克/公顷情况下各性状对产量的总效应通径系数大小顺序为：千粒重（0.653 7），穗粒数（0.409 9），亩穗数（－0.618 1）。施氮肥 180 千克/公顷情况下各性状对产量的总效应通径系数大小顺序为：千粒重（0.792 1），穗粒数（0.235 7），亩穗数（－0.414 3）。施氮肥 240 千克/公顷情况

下各性状对产量的总效应通径系数大小顺序为：千粒重（0.699 4），穗粒数（−0.016 0），亩穗数（−0.286 0）。

**表 8－1　穗粒数、亩穗数、千粒重对产量作用的通径分析**

| 处理 | 通径 | 直接作用 | 通过其他因素的间接作用 | | 总效应 |
|---|---|---|---|---|---|
| CK | 穗粒数 | −0.352 | 亩穗数 | 0.097 4 | −0.247 0 |
| | | | 千粒重 | 0.007 6 | |
| | 亩穗数 | −0.583 | 穗粒数 | 0.058 8 | −0.512 9 |
| | | | 千粒重 | 0.011 3 | |
| | 千粒重 | −0.018 | 穗粒数 | 0.148 9 | 0.498 2 |
| | | | 亩穗数 | 0.367 3 | |
| N1 | 穗粒数 | 0.131 | 亩穗数 | −0.091 9 | −0.255 9 |
| | | | 千粒重 | −0.295 0 | |
| | 亩穗数 | 0.167 | 穗粒数 | −0.072 1 | −0.233 4 |
| | | | 千粒重 | −0.328 3 | |
| | 千粒重 | 0.831 | 穗粒数 | −0.046 5 | 0.718 5 |
| | | | 亩穗数 | −0.066 0 | |
| N2 | 穗粒数 | 0.221 | 亩穗数 | 0.091 5 | 0.409 9 |
| | | | 千粒重 | 0.097 4 | |
| | 亩穗数 | −0.130 | 穗粒数 | −0.155 6 | −0.618 1 |
| | | | 千粒重 | −0.332 5 | |
| | 千粒重 | 0.532 | 穗粒数 | 0.040 4 | 0.653 7 |
| | | | 亩穗数 | 0.081 3 | |
| N3 | 穗粒数 | 0.543 | 亩穗数 | −0.315 2 | 0.235 7 |
| | | | 千粒重 | 0.007 9 | |
| | 亩穗数 | 0.430 | 穗粒数 | −0.398 0 | −0.414 3 |
| | | | 千粒重 | −0.446 3 | |
| | 千粒重 | 0.983 | 穗粒数 | 0.004 3 | 0.792 1 |
| | | | 亩穗数 | −0.195 2 | |

（续）

| 处理 | 通径 | 直接作用 | 通过其他因素的间接作用 | | 总效应 |
|---|---|---|---|---|---|
| N4 | 穗粒数 | −0.003 | 亩穗数 | −0.120 5 | −0.016 0 |
| | | | 千粒重 | 0.107 5 | |
| | 亩穗数 | 0.211 | 穗粒数 | 0.001 7 | −0.286 0 |
| | | | 千粒重 | −0.498 7 | |
| | 千粒重 | 0.827 | 穗粒数 | −0.000 4 | 0.699 4 |
| | | | 亩穗数 | −0.127 2 | |

穗粒数对产量的直接作用在未施肥条件下表现为负向，但通过亩穗数和千粒重对产量表现为正向间接效应，最终使得穗粒数对产量的总效应系数位居第 2 位；N1 处理穗粒数对产量的直接通径系数为正值，但总效应却表现为负值，穗粒数通过亩穗数和千粒重对产量的负向间接效应大于正向效应，说明简单的相关被通径分解了，穗粒数只通过本身对产量有一定的影响；N2 处理穗粒数对产量的直接作用和通过亩穗数与千粒重对产量的间接作用均表现出正向，穗粒数提高产量的同时，也促进亩穗数与千粒重对产量增加的贡献；N3 处理穗粒数对产量的直接作用与 N2 处理下千粒重对产量的直接作用接近，表现出很大的正值，但通过亩穗数对产量的间接作用却表现出负向作用，穗粒数在此施肥条件下通过亩穗数对产量无较大影响；N4 处理穗粒数对产量影响极小，可以忽略不计，通过亩穗数对产量的影响表现为负向，通过千粒重对产量的影响为正向，二者相近，总效应系数最终较低，其只通过千粒重对产量有一定作用。综合不同施肥条件下穗粒数的表现来看，N2 处理和 N3 处理下穗粒数对产量的直接作用和总效应均为正向作用，对产量有一定影响，而其他处理则表现出负向作用，对产量的影响不大。N3 处理对产量的直接作用最大，但总效应却小于 N2 处理，可见，在进行小麦高产性状选择时，穗粒数应作为性状选择的重点之一，但施肥量过多或过少都将严重影响穗粒数对增产的促进作用。

亩穗数对产量在未施肥条件下有很大的负向直接作用，虽然通过穗粒数和千粒重对产量有一定的间接影响，但影响都很小，总效应系数依然为较大的负值，对产量影响不大，贫瘠土地上改良小麦单体性状显得更重要；N1 处理亩穗数对产量的直接通径系数为正值，但总效应系数为负值，同样为简单的相关被通径分解，穗粒数通过千粒重对产量的负向间接影响远大于穗粒数对产量的正向直接影响；N2 处理亩穗数对产量的直接作用与通过穗粒数和千粒重对产量的间接作用均表现为负值，三者总效应达−0.618 1，对产量无较大影响；N3 处理亩穗数对产量正向直接作用较大，但简单的相关被通径分解后，总效应表现为负值，亩穗数通过穗粒数和千粒重对产量同样有较大的负值，通过穗粒数和千粒重对产量影响不大；N4 处理亩穗数对产量的直接作用和通过千粒重对产量的影响与 N3 处理表现相同，而通过穗粒数对产量的影响变为正向，但结果极小，可以忽略不计，总效应系数依然为负值。不同施肥处理下亩穗数对产量的直接作用表现不相同，CK 与 N2 为负向作用，其余处理为正向作用，且 N3＞N4＞N1，但总效应却均为负向作用，如果单纯考虑产量三要素，则亩穗数的增加对产量几乎无影响，但大田实际生产过程中亩穗数和其他农艺性状，如株高、穗长等，通过相互间作用对产量起到促进作用，其结果有待更进一步的研究。

千粒重对产量的直接作用在未施肥条件下表现为负值，但千粒重通过亩穗数和穗粒数对产量有很大的正向间接效应，最终使得千粒重对产量的总效应居产量三要素第一位；N1 处理千粒重对产量的直接相关系数达 0.831，虽然通过穗粒数和亩穗数对产量有较小的负值间接作用，但最终总效应系数依然高达 0.718 5，是决定产量的最重要因素；N2 处理千粒重对产量的直接影响与通过穗粒数和亩穗数对产量的间接影响均表现为正向，提高千粒重的同时也促进亩穗数与穗粒数对产量的增加；N3 处理千粒重对产量的直接作用在 5 个施肥处理中最高，虽然通过亩穗数对产量的间接作用为负值，一定程度上削弱了总效应，但依然位居第一位；N4 处理千粒重对产量的表现与 N1 相同，但通过穗粒数和亩穗数对产量的负向影响较大，所以最终总效应系数略低于N1。对比施肥与不施肥下千粒重的表现，可以发现千粒重对产量的总效应均为较大的正值，不施肥时最低，随施肥量的增加呈波动起伏状态，N3最高，N1次之，且无论是对产量的直接作用还是总效应，均表现出最大值，不同处理下始终处于产量三要素的第一位，所以千粒重是影响小麦产量的决定性因素。

# 第三节　小　　结

## 一、小麦品种农艺性状演变

随着小麦品种更替株高呈递减趋势，茎节缩短，品种间在株高和茎节长上有显著差异。以20世纪40年代老品种五指麦的株高为基数，则小麦株高在70年间降低了30.59%左右，年平均降低0.44%。纵观70年间株高改良的整个过程可以发现，株高的降低主要经历了三个阶段，20世纪70年代中期以前，不同品种株高均保持在100厘米以上，70年代后期至80年代末在80～100厘米，90年代至今则皆控制在70厘米左右。品种间茎节长变化趋势与株高相似，三个阶段品种间各茎节长均差异显著，不同茎节间长度表现出不同的下降趋势，除农家种五指麦外，70年间不同品种间穗长则无明显变化，依然保持在6.5～7.2厘米。品种不同对氮肥的响应有所差异，株高总体表现为中低肥下最高，穗长随施氮量的增加总体表现出递增的趋势，不同施氮量对小麦茎节长的影响与株高基本相同，中低肥处理下穗下节、倒二节、倒三节和倒四节表现出最大值，随施氮量的进一步增加，茎节长则出现降低现象，其中秦麦4号变化最大，低肥下穗下节、倒二节、倒三节和倒四节较其他处理平均升高7.18%、20.18%、8.32%和4.87%。

## 二、小麦品种产量与收获指数演变

20世纪40年代至今小麦产量得到显著增加。不施肥条件下，随品种的更替，产量呈波动递增趋势。施肥后产量极显著增加，但随施肥量的逐渐提高，产量增减因品种而异，低肥处理下部分品种增产 1 倍左右，但增施至 120 千克/公顷及更高水平时，产量增加则相对较小，甚至出现降低现象。可见，随品种的更替，继续增施氮肥并不能带来产量的显著提高，应从其他途径突破产量增长的瓶颈。增施氮肥后，收获指数与产量变化表现相同，均呈显著增加，增幅在 50%左右，其中碧蚂 1 号和长武 702 达到 90%和 100%。而随施氮量的继续增加，收获指数变化幅度骤减，且同品种间普遍出现降低现象，变化规律因品种而异，峰值一般出现在中肥条件下。收获指数随品种的更替总体表现出递增的趋势，株高的降低、产量的增加是收获指数提高的主要原因，以 60 年代以前与 90 年代以后各品种收获指数的平均值为基数，70 年来产量提高了 40.83%，年均增长 0.58%，与产量结果相近。

## 三、小麦品种产量三要素与生物量演变

千粒重随小麦品种的更替呈显著性增加，20 世纪 80 年代之后品种与之前品种差异达极显著水平，穗粒数则差异相对较小，而生物量各品种间几乎无显著差异。随品种的更替，70 年间穗粒数几乎无显著差异，保持相对稳定状态，增施氮肥对小麦穗粒数影响较小，同一品种内几乎无显著变化，上下浮动均保持在 3 粒左右，每穗在 25～30 粒，但当氮肥施用量增加至 240 千克/公顷后，长旱 58、丰产 3 号穗粒数较其他处理显著增加。

70 年来亩穗数的变化主要分为两个阶段，以 20 世纪 80 年代为主要分界线，之前品种均保持在 25 万穗上，个别品种达到每亩 30 万穗以上，而 80 年代以后育成的品种亩穗数则普遍降低，均在 25 万穗以下，增施氮肥对亩穗数的影响因品种而异，无明显变化规律。

千粒重是现阶段产量增加的主要因素，随品种的更替，千粒重基本呈直线增加趋势，每一次品种变更，千粒重都有所增加，至 90 年代初期，随着新品种长武 131 的育成，千粒重较之前品种出现激增，由当时 40 克左右提高至 50 克左右，增幅近 25%。施肥

后同一品种内千粒重均有所增加，但随施肥量的逐渐增加表现普遍不同，氮肥施用量在 120～180 千克/公顷范围较为适宜，过高或过低的施肥量均不利于小麦千粒重的增加，现阶段小麦增产主要依赖化肥，化肥用量的增加是高产的保证。

增施氮肥对小麦生物量的积累起促进作用，随氮肥施用量的增加，生物量呈波动递增趋势，但纵观 70 年间品种改良过程可以发现，随品种的更替，生物量几乎无显著变化，处于 11 000～13 000 千克/公顷范围，株高降低的同时，籽粒产量得到有效提高，这可能是生物量无显著变化的主要原因。

通径分析表明，N2 处理和 N3 处理穗粒数对产量的直接作用和总效应均为正向作用，对产量有一定影响，而其他处理下则对产量的影响不大。N3 处理穗粒数对产量的直接作用最大，但总效应却小于 N2，可见，在进行小麦高产性状选择时，穗粒数应作为性状选择的重点之一，但施肥量过多或过少都将严重影响穗粒数对产量的促进作用；不同施肥处理下亩穗数对产量的直接作用表现不相同，总效应却均为负向作用，如果单纯考虑产量三要素，则亩穗数的增加对产量几乎无影响，但大田实际生产过程中亩穗数和其他农艺性状如株高、穗长等，通过相互间作用对产量提高起到促进作用，其结果有待更进一步研究；千粒重对产量的总效应均为较大的正值，不施肥时最低，随施肥量的增加呈波动起伏状态，N3 最高，N1 次之，且不同处理下始终处于产量三要素的第一位，所以千粒重是影响小麦产量的决定性因素。

9

# 第九章

# 不同氮肥条件小麦品种光合特性演变

氮素不仅是叶绿素的主要组成成分，还是一些光合色素蛋白的主要组成成分。适宜的植株氮含量有利于叶片的电子传递和气孔开放，从而延缓旗叶衰老速度，改善群体光合特性，促进光合物质积累，提高作物籽粒产量。本研究进一步验证氮肥对小麦品种光合特性的影响及演变规律。

## 第一节　小麦旗叶光合参数演变

### 一、净光合速率（Pn）

不同施氮量处理小麦旗叶净光合速率（Pn）存在显著差异（图 9-1），随生育期推进，呈明显的折线形，最低值出现在拔节期，峰值普遍出现在灌浆期，拔节期至灌浆期始终处于激增状态，而灌浆期后又急剧下降。氮肥施用量在 0～120 千克/公顷时丰产 3 号返青期至灌浆期旗叶净光合速率均普遍表现出最高值，五指麦不同生育期变化相对较缓，而现主推品种除灌浆期和成熟期外，其余三个时期净光合速率普遍较小。增施氮肥至 180～240 千克/公顷时，丰产 3 号和长旱 58 旗叶净光合速率分别出现降低和增加的现象，可见，随着品种的更替，小麦对施肥的依赖逐渐增强。品种不同对氮肥的响应有所差异，比较各施肥处理下同一品种旗叶净光合速率，五个生育期总积累量表现出相似的变化趋势，随施氮量的增加而升高，但当氮肥施用量达 180 千克/公顷时，丰产 3 号与长旱

58 急剧降低，增施氮肥至 240 千克/公顷，则继续升高。比较不同品种间施肥效果发现，长旱 58 光合速率积累量始终处于最高水平，其次为丰产 3 号，五指麦最小。比较不同生育时期，由方差分析结果可以看出，品种、施肥量和品种与施肥量的交互作用均达极显著水平（$P<0.01$），对冬小麦旗叶净光合速率影响较大，但品种是主要因素。

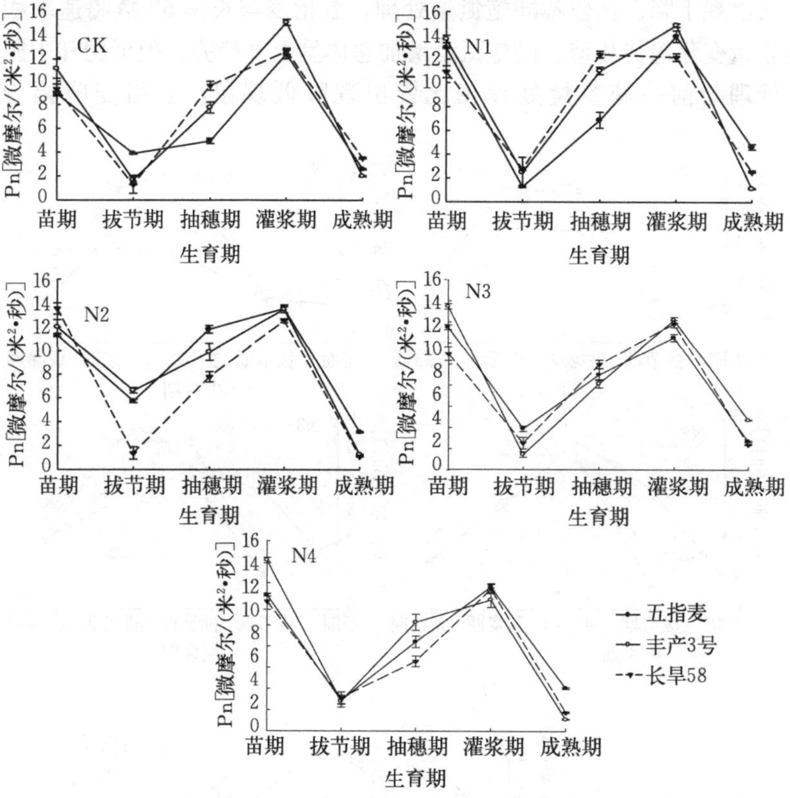


图 9-1　不同施氮量处理对不同生育期冬小麦旗叶净光合速率（Pn）的影响

## 二、蒸腾速率（Tr）

叶片蒸腾作用既促进植物体内水分运输与物质运转、调节叶面温度，又保证植物光合作用顺利进行，与净光合速率（Pn）关系密切（邵玺文 等，2009）。随生育期的推进，不同品种各处理蒸腾速率（Tr）与光合速率变化相同，呈普遍上升趋势（图 9-2），最高值分别出现在抽穗期或灌浆期，而后开始逐渐下降，现主推品种不同施肥处理下均保持较高值，增施氮肥至 180 千克/公顷时，各时期叶片蒸腾速率普遍表现出较高值，但继续增施 60 千克/公顷时又出现下降。比较不同施氮量处理，五指麦与长旱 58 蒸腾速率积累量变化趋势相似，随施氮量增加总体呈上升趋势，但低肥和中肥处理与前一施氮量处理相比皆出现降低现象，五指麦降幅为

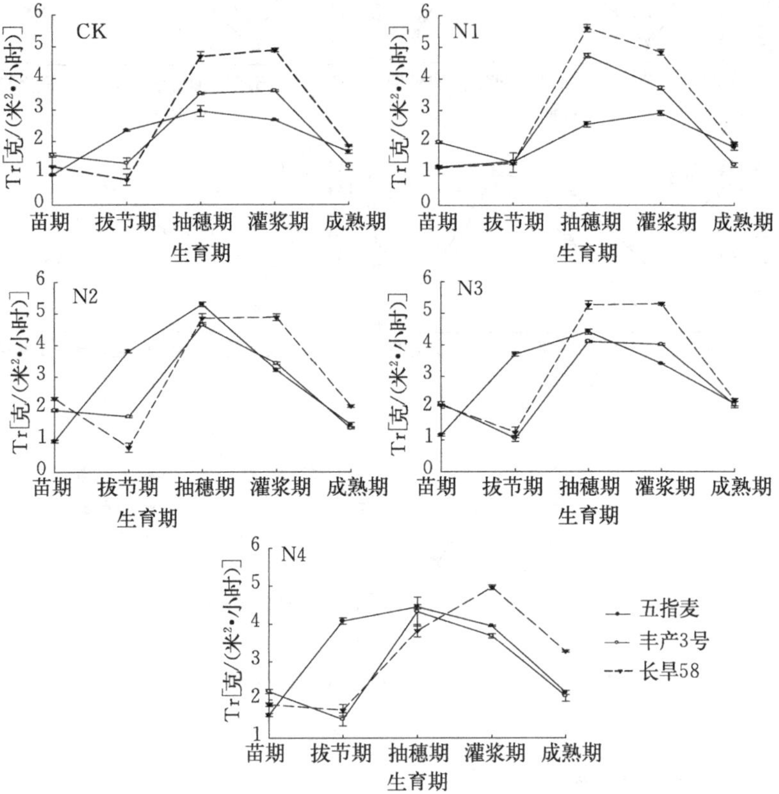


图 9-2 不同施氮量处理对不同生育期冬小麦旗叶蒸腾速率（Tr）的影响

1.75%和8.91%，长旱58为9.5%和7.81%；继续增施氮肥60千克/公顷，则重新恢复上升趋势；而丰产3号各施氮水平下蒸腾速率始终处于相对稳定状态，除中肥处理外，其他无显著差异，不同氮素施用量对其影响较小；现主推品种蒸腾速率积累量始终处于较低水平。对不同生育期进行方差分析，结果与光合速率基本相同，品种依然是主要影响因素。

## 三、气孔导度（Gs）

叶片气孔导度（Gs）涉及植物的光合作用和蒸腾作用两个方面，是决定植物光合强度和水分蒸腾强度的重要因素，大小与净光合速率和 $CO_2$ 浓度有关。氮素营养对小麦叶片气孔导度具有显著的调控作用，随生育期的推进，其变化与光合速率表现相似，呈明显的折线形，现主推品种随生育期的推进，叶片气孔导度逐渐递增，至灌浆期达到峰值，其后急剧下降。三个品种叶片气孔导度最低值均出现在拔节期，且不同施肥处理下，返青期至抽穗期，现主推品种叶片气孔导度低于之前品种，丰产3号较高，五指麦次之，增施氮肥至120千克/公顷后，长旱58灌浆期才表现出较大值（图9-3）。比较不同品种各施肥处理间的差异发现，丰产3号与长旱58气孔导度积累量变化趋势表现相似，除高肥处理下长旱58显著上升外，皆随施氮量的增加而逐渐降低，氮素营养每增施60千克/公顷，叶片气孔导度积累量平均降低5.76%和9.69%；而五指麦则表现相反，呈波动上升趋势，平均增加11.95%。方差分析结果表明品种依然是影响叶片气孔导度的主要因素。

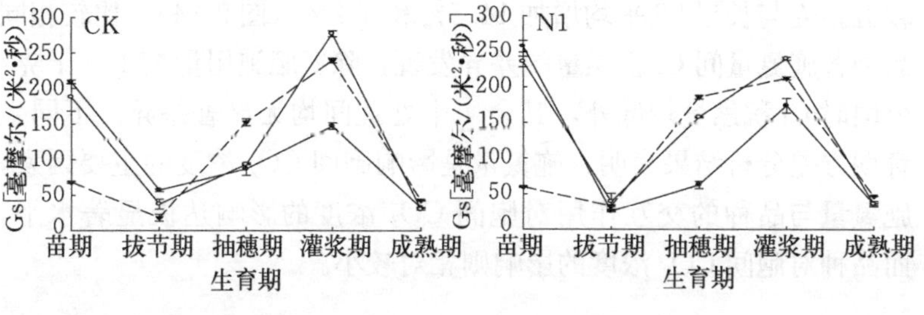

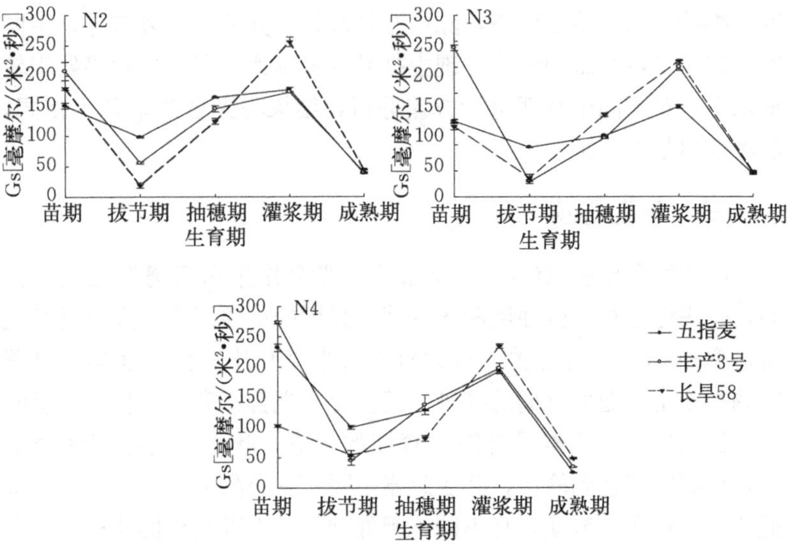


图 9-3 不同施氮量处理对不同生育期冬小麦旗叶气孔导度（Gs）的影响

## 四、$CO_2$ 浓度（Ci）

叶片细胞间隙 $CO_2$ 浓度（Ci）是分析光合速率降低原因的指标之一。随生育期推进，叶片气孔导度无明显规律性变化，但拔节期和灌浆期普遍较高，长旱 58 抽穗期至灌浆期总体表现出较高的胞间 $CO_2$ 浓度，五指麦次之，丰产 3 号最低，但当施肥量增至 240 千克/公顷时，丰产 3 号返青期至灌浆期叶片胞间 $CO_2$ 浓度激增，较五指麦与长旱 58 平均增加 14.5%和 5.2%（图 9-4）。比较相同品种各施氮量间 Ci 积累量的差异发现，除氮肥施用量在 180 千克/公顷时 Ci 积累量较低外，其余 4 个处理间均无显著差异。不同生育期方差分析结果表明，施氮量是影响胞间 $CO_2$ 浓度的主要因素，施氮量与品种的交互作用对胞间 $CO_2$ 浓度的影响达极显著水平，而品种对胞间 $CO_2$ 浓度的影响则相对较小。

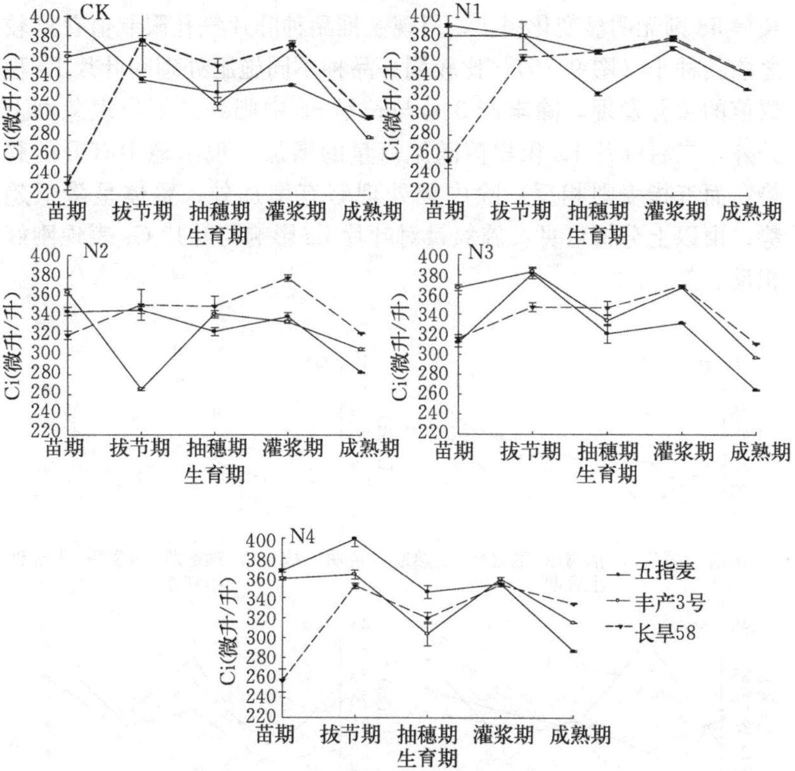


图 9-4　不同施氮量处理对不同生育期冬小麦旗叶胞间 $CO_2$ 浓度（Ci）的影响

## 五、气孔限制值（Ls）

作物叶片光合作用主要受气孔因素和叶绿体光合活性的限制，光合的气孔限制常用气孔限制值（Ls）来表示，根据 Berry 和 Downton（1952）提出的公式 $Ls=(1-Ci/Ca)\times100\%$ 计算气孔光合限制值（Ls,%），其中 $Ci$ 表示细胞间隙 $CO_2$ 浓度（Ci，微升/升），$Ca$ 表示空气 $CO_2$ 浓度（Ca，微升/升）。不同品种叶片气孔限制值随生育期的推进总体表现为逐步递增趋势，但不同施氮量处理下各时期均有所不同，氮肥施用量在 60～240 千克/公顷时，五指麦气孔限制值皆呈W形，最低值出现在拔节期，而丰产3号与长旱58则无明显变化规律，但现主推品种叶片气孔限制值普遍较之前品种小（图9-5）。比较同一品种不同施肥处理间叶片Ls积累值的差异发现，除丰产3号与长旱58中肥处理下出现急剧上升外，二者叶片Ls积累值随施氮量的增加表现出稳中有升的趋势，而五指麦则相反，除中肥处理略有增加外，整体呈降低趋势。由以上分析可见，施氮量对叶片Ls影响与叶片Gs表现刚好相反。

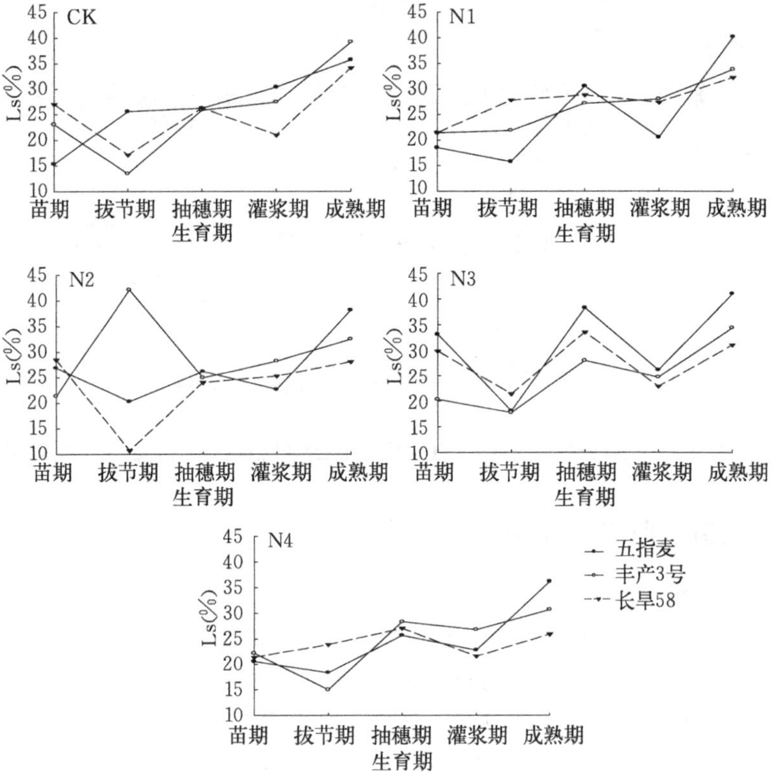


图9-5 不同施氮量处理对不同生育期冬小麦旗叶光合气孔限制值（Ls）的影响

## 六、水分利用效率（WUE）

不同小麦品种旗叶水分利用效率（WUE）各生育期间变化趋势与其他指标有所不同，最大值普遍出现在返青期和抽穗期，拔节期和成熟期较低，长旱58在施氮量0～180千克/公顷下，抽穗期叶片水分利用效率均表现出最大值，为籽粒灌浆提供良好的水分基础，增施氮肥至240千克/公顷时，则有所下降，过高施肥量对其有所抑制（图9-6）；丰产3号抽穗期叶片水分利用效率在0～180千克/公顷下表现出次高值，继续增施氮肥对其影响不大，高肥处理下表现最高；

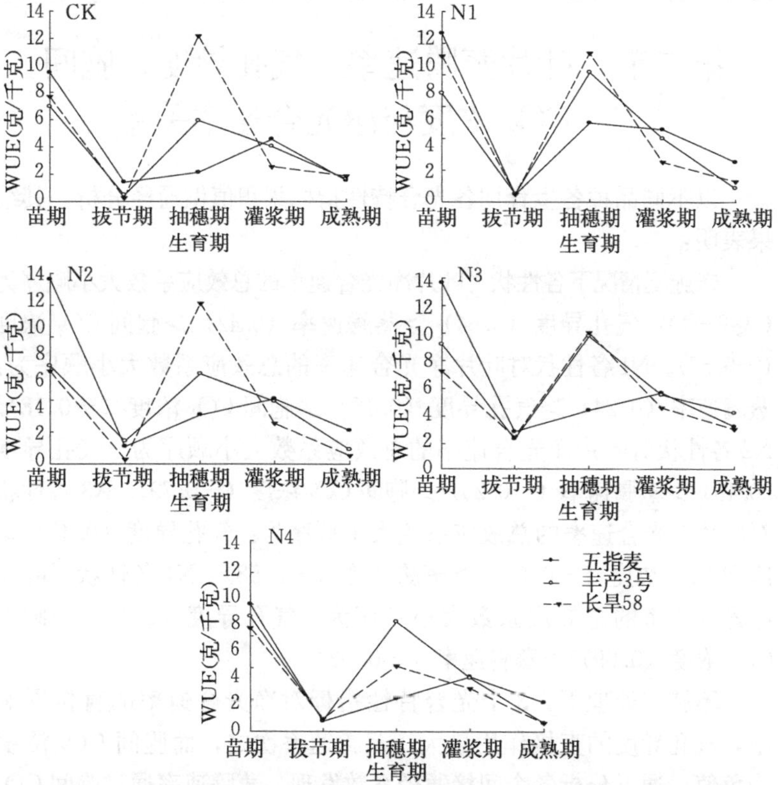


图9-6　不同施氮量处理对不同生育期小麦旗叶水分利用效率（WUE）影响

而五指麦除返青期表现最高外，其他时期均较低，返青期较高的水分利用率有利于其初期生长，但后期较低，影响籽粒生长。对比同品种各施肥量处理间的差异发现，增施氮肥至 120 千克/公顷以后，叶片水分利用效率积累量出现降低，五指麦降幅最大；至 240 千克/公顷水平，除丰产 3 号有略微增加外，五指麦与长旱 58 依然表现出不同程度降低，说明高氮素营养抑制了冬小麦的叶片水分利用效率。不同品种各施肥处理间叶片 WUE 积累量差异均达显著水平，从低到高依次是五指麦、丰产 3 号和长旱 58，说明随品种的更替，小麦水分利用效率也随之得到改良，品种适应干旱胁迫的能力逐渐加强，这与方差结果表现一致，品种依然是影响水分利用效率的决定因素。

## 第二节　叶片蒸腾速率、气孔导度、胞间 $CO_2$ 浓度与净光合速率关系

以不同品种各生育期各光合特性指标累积值做通径分析，其结果表明：

未施肥情况下各性状对叶片净光合速率的总效应系数大小顺序为（表 9-1）：气孔导度（0.64）>蒸腾速率（0.42）>胞间 $CO_2$ 浓度（−0.57）。N1 各性状对叶片净光合速率的总效应系数大小顺序为：蒸腾速率（0.24）>气孔导度（0.15）>胞间 $CO_2$ 浓度（−0.18）。N2 各性状对叶片净光合速率的总效应系数大小顺序为：气孔导度（0.19）>蒸腾速率（−0.20）>胞间 $CO_2$ 浓度（−0.79）。N3 各性状对叶片净光合速率的总效应系数大小顺序为：气孔导度（0.47）>胞间 $CO_2$ 浓度（−0.09）>蒸腾速率（−0.58）。N4 各性状对叶片净光合速率的总效应系数大小顺序为：气孔导度（0.45）>胞间 $CO_2$ 浓度（0.09）>蒸腾速率（−0.02）。

不施肥处理下，3 个光合特性指标对净光合速率的直接影响中，气孔导度的直接作用最大，蒸腾速率次之，而胞间 $CO_2$ 浓度为负值。通过分析各个间接通径系数发现，蒸腾速率通过胞间 $CO_2$ 浓度对光合速率的间接作用较大，其间接通径系数为 0.34，而虽

然气孔导度通过蒸腾速率和胞间 $CO_2$ 浓度对光合速率产生一定负值的间接作用，但是由于其直接通径系数较大，从而使气孔导度对光合速率的影响较大，二者的简单相关系数达到了0.64。胞间 $CO_2$ 浓度对光合速率的直接通径系数为负值，虽然通过气孔导度对光合速率有一定的影响，但是其简单相关系数仍为负值，可见，其对光合速率的改变影响不大。

施氮量60千克/公顷情况下，气孔导度对光合效率的直接作用最大，但由于其通过胞间 $CO_2$ 浓度对光合速率的间接影响表现出与直接作用完全相同的负系数，气孔导度对光合效率的影响只通过蒸腾速率来决定，二者的简单相关系数与通过蒸腾速率的间接通径系数相同。蒸腾速率虽然对光合速率的直接影响为负值，但通过胞间 $CO_2$ 浓度对光合速率表现出较大的正效应，最终使得二者的相关系数为正值，简单的相关被通径所分解。而胞间 $CO_2$ 浓度对光合速率的直接影响达到了－3.1，虽然通过蒸腾速率与气孔导度对光合速率的间接通径系数很大，但二者最终的相关系数仍为负值，对光合效率的影响不大。

施氮量120千克/公顷情况下，蒸腾速率对光合速率的影响最大，但其通过胞间 $CO_2$ 浓度对光合速率的间接影响为负值，且大于直接作用，最终二者总效应为负值，简单的相关依然被通径所分解，对光合速率无较大影响。胞间 $CO_2$ 浓度与N1表现基本相同，虽然通过蒸腾速率与气孔导度对光合速率的间接通径系数为正值，但二者之和小于对光合速率的负直接作用，简单的相关系数依然为负值，同样对光合速率无较大影响。而气孔导度虽然通过胞间 $CO_2$ 浓度对光合速率产生一定负值的间接作用，但是由于其对光合速率的直接作用和通过蒸腾速率的间接作用较大，从而使气孔导度对光合速率的影响依然为正值，二者的简单相关系数为0.19。

施氮量180千克/公顷情况下，3个光合指标对光合速率的直接影响中，气孔导度的直接作用最大，而蒸腾速率和胞间 $CO_2$ 浓度则为负值。通过分析各个间接通径系数发现，气孔导度通过蒸腾速率和胞间 $CO_2$ 浓度对产量间接通径作用与N2相同，虽然通

过胞间 $CO_2$ 浓度对光合速率产生一定负值的间接作用，但是由于其对光合速率的直接作用和通过蒸腾速率的间接作用较大，使得气孔导度依然对光合速率有一定影响，而蒸腾速率通过气孔导度和胞间 $CO_2$ 浓度的间接影响则与 N2 完全相反，但由于对光合速率的直接作用也为负值，最终二者的简单相关系数依然为负，对光合速率无较大影响，胞间 $CO_2$ 浓度则与 N2 表现完全相同。

施氮量 240 千克/公顷情况下，气孔导度对光合速率的直接作用依然最大，蒸腾速率次之，胞间 $CO_2$ 浓度和前四个处理相同，为负值。但胞间 $CO_2$ 浓度通过蒸腾速率和气孔导度对光合速率的影响表现出较大的正值，使得二者的简单相关系数为正值，对光合速率有一定影响，而蒸腾速率通过胞间 $CO_2$ 浓度对光合速率的间接作用大于其直接作用和通过气孔导度的间接作用之和，最终总效应为负值，对光合速率的改变影响不大。气孔导度与 N3 表现基本相同，最终相关系数也相近，继续增施氮肥，气孔导度对光合作用的影响基本不变。

对比不同施肥条件下 3 个光合特性指标的表现来看：施氮量在 0～180 千克/公顷时，胞间 $CO_2$ 浓度对光合速率的直接影响均为负值，虽然通过蒸腾速率和气孔导度的间接通径系数为正值，但其二者之和却都小于直接作用系数，使得最终相关系数也均为负值，增施氮肥至 240 千克/公顷时，通过蒸腾系数和气孔导度的间接通径系数之和大于直接作用，但最终相关系数却仅为 0.09，如果只单纯考虑这 3 个光合特性指标，则胞间 $CO_2$ 浓度对光合速率几乎无影响；气孔导度在 5 个氮肥施用水平下对光合速率的直接影响均为较大的正值，N1 甚至达到了 2.78，虽然通过气孔导度和胞间 $CO_2$ 浓度产生一定的负值间接影响，但其均小于直接作用系数，二者简单的相关系数依然为较大的正值，对光合速率的影响在 3 个光合特性指标中最大；而蒸腾速率对光合速率的直接影响随施肥量的变化而变化，CK、N2 和 N4 为正值，N1 和 N3 为负值，但因其通过气孔导度和胞间 $CO_2$ 浓度对光合速率的间接影响表现各异，最终使得二者的简单相关系数随施氮量的增加而逐渐减小，且 N1 之后均为负值，虽然增施氮肥至 240 千克/公顷时略有提升，但对光合速率均无较大影响。

**表 9-1　叶片蒸腾速率、气孔导度、胞间 $CO_2$ 浓度对净光合速率的通径分析**

| 处理 | 通径 | 直接作用 | 通过其他因素的间接作用 | | 总效应 |
|---|---|---|---|---|---|
| CK | 蒸腾速率 Tr | 0.14 | 气孔导度 Gs | −0.05 | 0.42 |
| | | | 胞间 $CO_2$ 浓度 Ci | 0.34 | |
| | 气孔导度 Gs | 0.83 | 蒸腾速率 Tr | −0.01 | 0.64 |
| | | | 胞间 $CO_2$ 浓度 Ci | −0.18 | |
| | 胞间 $CO_2$ 浓度 Ci | −0.72 | 蒸腾速率 Tr | −0.07 | −0.57 |
| | | | 气孔导度 Gs | 0.21 | |
| N1 | 蒸腾速率 Tr | −0.86 | 气孔导度 Gs | −0.48 | 0.24 |
| | | | 胞间 $CO_2$ 浓度 Ci | 1.58 | |
| | 气孔导度 Gs | 2.78 | 蒸腾速率 Tr | 0.15 | 0.15 |
| | | | 胞间 $CO_2$ 浓度 Ci | −2.78 | |
| | 胞间 $CO_2$ 浓度 Ci | −3.10 | 蒸腾速率 Tr | 0.43 | −0.18 |
| | | | 气孔导度 Gs | 2.48 | |
| N2 | 蒸腾速率 Tr | 0.39 | 气孔导度 Gs | 0.17 | −0.20 |
| | | | 胞间 $CO_2$ 浓度 Ci | −0.77 | |
| | 气孔导度 Gs | 0.36 | 蒸腾速率 Tr | 0.19 | 0.19 |
| | | | 胞间 $CO_2$ 浓度 Ci | −0.36 | |
| | 胞间 $CO_2$ 浓度 Ci | −1.16 | 蒸腾速率 Tr | 0.26 | −0.79 |
| | | | 气孔导度 Gs | 0.11 | |
| N3 | 蒸腾速率 Tr | −0.29 | 气孔导度 Gs | −0.79 | −0.58 |
| | | | 胞间 $CO_2$ 浓度 Ci | 0.5 | |
| | 气孔导度 Gs | 1.44 | 蒸腾速率 Tr | 0.16 | 0.47 |
| | | | 胞间 $CO_2$ 浓度 Ci | −1.12 | |
| | 胞间 $CO_2$ 浓度 Ci | −1.37 | 蒸腾速率 Tr | 0.11 | −0.09 |
| | | | 气孔导度 Gs | 1.17 | |

| 处理 | 通径 | 直接作用 | 通过其他因素的间接作用 | | 总效应 |
|---|---|---|---|---|---|
| N4 | 蒸腾速率 Tr | 0.37 | 气孔导度 Gs | 0.07 | −0.02 |
| | | | 胞间 $CO_2$ 浓度 Ci | −0.46 | |
| | 气孔导度 Gs | 2.44 | 蒸腾速率 Tr | 0.01 | 0.45 |
| | | | 胞间 $CO_2$ 浓度 Ci | −1.99 | |
| | 胞间 $CO_2$ 浓度 Ci | −2.20 | 蒸腾速率 Tr | 0.08 | 0.09 |
| | | | 气孔导度 Gs | 2.21 | |

# 第三节 小 结

前人关于氮肥用量对小麦光合速率和生长发育影响的研究较多，但结果不一致，可能与生态条件、地力水平、品种特性等多方面因素有关。在本试验条件下，三个不同年代小麦品种在施氮量0～120千克/公顷的范围内旗叶Pn均表现为随施氮量的增加而提高，这与姜东等研究结果相同；但当氮素营养增施至180千克/公顷时，叶片Pn出现显著降低现象，此时Gs、Ci与前一处理相比亦降低，三者变化相同，但不同品种Ls则表现有所差异，现主推品种增加，五指麦与丰产3号皆降低。高辉远、邹琦（1993）论述：如果逆境条件使Gs减小而叶绿体仍在活跃地进行光合作用时，Ci应有明显降低，Ls升高，这种情况是典型的气孔限制所致；反之，如果叶绿体本身光合能力明显下降，即使在Gs较低的情况下，Ci也有可能升高或者不变，此时Ls下降，这种情况为非气孔限制。根据上述理论，我们综合分析了氮素营养对小麦叶片光合限制部位的影响，结果发现由气孔限制所致叶片Pn降低只有现主推品种，而五指麦与丰产3号则可能是由叶绿体活性降低、Rubisoo活性降低、RuBP羧化酶再生能力降低所致，由此可推断不同品种小麦对光合速率限制因素的响应机制是不同的。继续增施氮肥，Pn重新恢复升高趋势，但与中肥处理下峰值相比，依然有所降低。

蒸腾是作物新陈代谢的重要方面之一，作物吸收 $CO_2$ 进行光合作用形成产量的同时也伴随着蒸腾消耗水分的发生，反映了作物的水分运动。本试验结果表明，叶片 Tr 随外源供氮水平的提高呈波动增加趋势，中肥和低肥处理下五指麦、长旱 58 与前一施氮处理相比均有所降低，继续增施氮肥 60 千克/公顷，则重新恢复上升趋势，这与赵立新、张岁歧研究结果相反，分析其可能的原因是氮肥的增施升高了叶片细胞渗透势，使得叶水势升高，从而降低了叶片的保水能力，蒸腾增加。同时，当氮肥增施至 120 千克/公顷以后，供试品种叶片 WUE 降低，说明高氮素营养抑制了冬小麦叶片水分利用效率；5 种施氮量处理下，现主推品种都表现出最高水分利用效率，可见随品种的更替，小麦水分利用效率也随之得到改善，品种适应干旱胁迫的能力逐渐加强。

通径分析表明，气孔导度在 5 个氮肥施用水平下对光合速率的直接影响均为较大的正值，N1 甚至达到了 2.78，对光合速率的影响在 3 个光合特性指标中最大；而蒸腾速率对光合速率的直接影响随施肥量的变化而变化，CK、N2 和 N4 为正值，N1 和 N3 为负值，但因其通过气孔导度和胞间 $CO_2$ 浓度对光合速率的间接影响表现各异，最终使得二者的简单相关系数随施氮量的增加而逐渐减小，且 N1 之后均为负值，虽然增施氮肥至 240 千克/公顷时略有提升，但对光合速率均无较大影响；胞间 $CO_2$ 浓度在施氮量 0～180 千克/公顷条件下对光合速率的最终相关系数均为负值，增施氮肥至 240 千克/公顷时，通过蒸腾系数和气孔导度的间接通径系数之和大于直接作用，但最终相关系数却仅为 0.09，如果只单纯考虑这 3 个光合特性指标，则胞间 $CO_2$ 浓度对光合速率几乎无影响。

通过不同施氮量对小麦光合作用的影响来看，黄土旱塬地区小麦种植过程中氮素施用量在 60～120 千克/公顷之间较为适宜。当超过这一水平时，叶片净光合速率、气孔导度和水分利用效率均出现不同程度降低，蒸腾速率加快，这些将导致作物出现萎蔫、叶片提前衰老等现象发生，不利于产量形成。

# 主要参考文献

毕建杰，2006. 山东小麦品种更替过程中品种的光合特性及农艺性状更替趋势研究．泰安：山东农业大学．

陈旭，2012. 黄土旱塬小麦品种更替过程中光合特性和营养特性的研究．杨凌：西北农林科技大学．

陈旭，2016. 黄土旱塬区小麦品种生产力演变研究．杨凌：西北农林科技大学．

樊虎玲，2007. 陕西小麦品种性状演变及其营养特性研究．杨凌：西北农林科技大学．

樊军，郝明德，邵明安，2004. 黄土旱塬农业生态系统土壤深层水分消耗与水分生态环境效应．农业工程学报，20（1）：61－64.

冯帆，2018. 黄淮海麦区不同年代冬小麦品种产量及相关性状演替规律．杨凌：西北农林科技大学．

高辉远，邹琦，程炳嵩，1997. 甘薯光合活力、羧化效率日变化与光合午休的关系．作物学报（1）：62－65.

郝明德，王旭刚，党廷辉，等，2004. 黄土高原旱地小麦多年定位施用化肥的产量效应分析．作物学报（11）：1108－1112.

胡克林，李保国，陈研，2006. 表层土壤饱和导水率的空间变异对农田水分渗漏的影响．水利学报（10）：1217－1223.

黄芳，2016. 陕西关中冬小麦品种演替过程产量和磷效率对土壤肥力水平的响应．杨凌：西北农林科技大学．

黄玲，2013. 河南中部不同年代主栽冬小麦品种水分利用特性差异及其机理研究．北京：中国农业科学院．

黄玲，高阳，邱新强，等，2013. 水分对不同年代主栽冬小麦品种光合特性的影响．麦类作物学报，33（3）：495－502.

黄志刚，曹云，欧阳志云，等，2007. 南方红壤丘陵区油桐人工林土壤水分动态特征．应用生态学报，18（2）：241－246.

黄志霖，傅伯杰，陈利顶，2005. 黄土丘陵区不同坡度、土地利用类型与降水变化的水土流失分异．中国水土保持科学（4）：11－18，26.

金钊，2020. 黄土塬——千沟万壑之中的平坦之地．地球环境学报，11（1）：119－124.

兰进好，张宝石，周鸿飞，等，2003. 不同年代冬小麦品种光合特性差异的研究——不同年代冬小麦品种光合特性差异的研究．沈阳农业大学学报，34（1）：12－15.

李洪建，王孟本，柴宝峰，2003. 黄土高原土壤水分变化的时空特征分析．应用生态学报，14（4）：515－519.

李润芳，张晓冬，王栋，等，2019. 山东省近60年来主推小麦品种主要农艺性状演变规律．中国农学通报，35（7）：20－27.

李滢，2020. 山东省不同年代小麦品种强光和弱光下光合性能的研究．泰安：山东农业大学．

连慧达，2020. 陕西省不同年代主栽旱地冬小麦品种对氮肥响应的差异研究．杨凌：西北农林科技大学．

梁启东，2022. 把粮食安全的主动权牢牢抓在自己手中．https://finance.ifeng.com/c/8HP7T5jfQZo，2022－07－05/2022－07－19.

梁增基，1987. 也谈旱地小麦育种//渭北旱原小麦育种学术讨论会文集．西安：陕西人民出版社：11－16.

廖允成，韩思明，温晓霞，2002. 黄土台塬旱地小麦机械化保护性耕作栽培体系的水分及产量效应．农业工程学报（4）：68－71.

刘国栋，李继云，李振声，1998. 低磷胁迫下小麦地上部某些性状的基因型差异．土壤学报（2）：235－242.

刘红英，蔡焕杰，王健，2005. 灌溉条件下夏玉米田根系层水分动态和田间灌溉水有效利用率的研究．西北农林科技大学学报（自然科学版）（6）：107－112.

刘筱颖，李晓华，郑兴卫，等，2020. 山西小麦育成品种农艺性状演变趋势及关联分析．中国农业科技导报，22（3）：14－23.

刘新月，裴磊，卫云宗，2015. 黄淮旱地小麦品种产量性状演变研究．农学学报，5（7）：1－8.

马丁，2018. 近年来宁夏灌区新育春小麦品种与主栽品种宁春4号的产量性状比较分析．杨凌：西北农林科技大学．

彭芹，2012. 山东小麦品种更替过程中遗传多样性和光合特性演变的研究．泰安：山东农业大学．

邵玺文，孙长占，孙彤，等，2002. 播期和播量对水稻生育性状及产量的影响．吉林农业大学学报（4）：11－14，18.

孙婴婴，2015. 陕西省旱地小麦品种产量及相关性状演化研究．杨凌：西北农林科技大学．

孙婴婴，韩霁昌，张岁岐，等，2016. 陕西省不同年代旱地冬小麦光合与产量特征变化及其相互关系研究．麦类作物学报，36（3）：308－315.

王积强，罗廷彬，1995. 农田渗漏损失与节水灌溉．新疆水利，5：45－48.

王树亮，2008. 不同小麦品种对矿质元素吸收利用差异及农艺性状演变趋势．泰安：山东农业大学．

王义芹，2007. 不同年代小麦品种光合特性的研究．泰安：山东农业大学．

王峥，2018. 陕西小麦品种改良过程中产量性状和养分利用特性及其生理响应机制．杨凌：西北农林科技大学．

吴兆苏，1984. 长江下游地区小麦品种更替中产量及有关性状的演变与发展方向．中国农业科学（3）：14－19.

许晶晶，2010. 陕西小麦品种更替过程中光合特性演变及抗旱性研究．杨凌：西北农林科技大学．

杨海军，孙立达，余新晓，1993. 晋西黄土区水土保持林水量平衡的研究．北京林业大学学报，15（3）：42－50.

殷美，2008. 不同年代小麦品种碳氮物质积累与运转特性的差异．南京：南京农业大学．

张俊灵，闫金龙，张东旭，等，2017. 北部冬麦区旱地小麦品种的演变规律．麦类作物学报，37（8）：1017－1024.

张平治，徐继萍，范荣喜，等，2009. 安徽省小麦品种演变分析．中国农学通报，25（23）：195－199.

张巧凤，吴纪中，颜伟，等，2015. 江苏省沿海地区小麦品种更替与演变分析．植物遗传资源学报，16（6）：1179－1187.

张庆江，张立言，毕桓武，等，1997. 春小麦品种氮的吸收积累和转运特征及与籽粒蛋白质的关系．作物学报，23（6）：712－728.

赵广才，张保明，王崇义，2000. 高产小麦氮素积累及其与产量和蛋白质含量的关系．麦类作物学报，20（4）：90－93.

赵太宇，刘国浩，张存岭，等，2017. 淮北地区不同年代小麦品种性状演进分析．安徽农学通报，23（17）：39－41.

Austin R B，Bingham J，Blackwell R D，et al.，1980. Genetic improvements in winter wheat yields since 1900 and associated physiological changes. Journal of Agriculture Science, 94 (6): 675 - 689.

Blacklow W M, Incoll L D, 1981. Nitrogen stress of winter wheat changed the determinants of yield and the distribution of nitrogen and total dry matter during grain filling. Australian Journal of Plant Physiology, 8: 191 - 200.

Blum A, 1998. Improving wheat grain filling under stress by stem reserve mobilisation. Euphytica, 100: 77 - 83.

Blum A, Sinmena B, Mayer J, et al., 1994. Stem reserve mobilisation supports wheat - grain filling under heat stress. Functional Plant Biology, 21 (6): 771 - 781.

Blum A, Sullivan C Y, 1997. The effect of plant size on wheat response to agents of drought stress I. Root drying. Aust. J. Plant Physiol, 24: 35 - 41.

Ciampitti I A, Vyn T J, 2011. A comprehensive study of plant density consequences on nitrogen uptake dynamics of maize plants from vegetative to reproductive stages. Field Crops Res., 121: 2 - 18.

Ehdaie B, Waines J G, 1994. Genetic analysis of carbon isotope discrimination and agronomic characters in a bread wheat cross. Theoretical and Applied Genetics, 88: 1023 - 1028.

Fichtner K, Quick W P, Schulze E D, et al., 1993. Decreased ribulose - 1, 5 - biphosphate carboxylase - oxygenase in transgenic tobacco transformed with 'antisense' rbcS. Planta, 190: 1 - 9.

Gallagher J N, Biscoe P V, Scott R K, 1975. Barley and its environment. V. Stability of grain weight. Journal of Applied Ecology, 12: 319 - 36.

Hocking P J, 1994. Dry - matter production, mineral nutrient concentrations, and nutrient distribution and redistribution in irrigated spring wheat. Journal of Plant Nutrition, 17 (8): 1289 - 1308.

Lobell D B, Burke M B, Tebaldi C, et al., 2008. Prioritizing climate change adaptation needs for food security in Science, 319: 607 - 610.

Quick W P, Schurr U, Scheibe R ct al., 1991. Decreased ribulose - 1, 5 - bisphosphate carboxylase - oxygenase in transgenic tobacco transformed with 'antisense rbcS'. Impact on photosynthesis in ambient growth conditions. Planta, 183: 542 - 554.

Rajcan I, Tollenaar M, 1999. Source: sink ratio and leaf senescence in maize. Ⅱ.

Nitrogen metabolism during grain filling. Field Crops Res.，60：255－265.

Richards R A，1991. Crop improvement for temperate Australia：Future opportunities. Field Crops Research，26（2）：141－169.

Richards R A，Rebetzke G J，Condon A G，et al.，2002. Breeding Opportunities for Increasing the Efficiency of Water Use and Crop Yield in Temperate Cereals. Crop Sci.，42（1）：111－121.

Schimel D S，2010. Drylands in the earth system. Science，327：418－419.

Seebauer J R，Singletary G W，Krumpelman P M，et al.，2010. Relationship of source and sink in determining kernel composition of maize. J. Exp. Bot.，61：511－519.

Siddique K H M，Kirby E J M，Perry M W，1989. Ear：stem ratio in old and modern wheat varieties；relationship with improvement in number of grains per ear and yield. Field Crops Research，21：59－78.

Stitt M，Quick W P，Schurr U，et al.，1991. Decreased ribulose－1，5－bisphospate carb－oxylase－oxygenase in transgenic tobacco transformed with ‘antisense’ rbcS. Ⅱ. Flux－control coeffcients for photosyn－thesis in varying light，$CO_2$，and air humidity. Planta，183：555－566.

Sun Y，Wang X，Wang N，et al.，2014. Changes in the yield and associated photosynthetic traits of dry－land winter wheat（*Triticum aestivum* L.）from the 1940s to the 2010s in Shaanxi Province of China. Field Crops Research，167：1－10.

Wang F H，Xu H L，Wang X Q，2003. Effect of raised bed planting on diseases and lodging resistance of wheat. Japanese Journal of Crop Science，72：136－137.

Zhao Y L，Dolat A，Steinberger Y，et al.，2009. Biomass yield and changes in chemical composition of sweet sorghum cultivars grown for biofuel. Field Crops Res.，111：55－64.

# 致　谢

本书的编辑出版过程，让我再次回想起在西北农林科技大学求学的点点滴滴。在成书之际，首先要把最诚挚的感谢送给我和陈旭博士的导师郝明德研究员！郝老师以他创新的思维、深厚的学术造诣以及严谨的治学风格为我们开启了科研的大门，郝老师朴实的人格魅力、高效的工作效率、严谨认真的科研态度、积极的生活态度以及对科研方向的准确把握，是我们终生学习的榜样。郝老师对我们来说不仅是研究生导师，更是人生导师。郝老师“如师如父”，我们师门既是一个研究团队也是一个大家庭，同门互学互助、互敬互爱、合作共研、共同成长，亲如兄弟姐妹。

感谢西北农林科技大学和中国科学院水利部水土保持研究所为我们提供高起点的学习研究平台，中国科学院长武黄土高原农业生态试验站良好的试验场地和生活条件为研究的顺利完成提供了保障。西北农林科技大学“诚朴勇毅”的校训、“扎根杨凌、胸怀社稷，脚踏黄土、情系三农，甘于吃苦、追求卓越”的精神和一代代水保人传承的“厚重朴实、协力攻关、求实创新、无私奉献”的黄土精神，成为我们宝贵的精神财富。

感谢国家科技支撑计划项目——黄土高原旱区增粮增效潜力与提升技术研究、西北农林科技大学农业技术示范项目——粮食持续增产中氮磷减量施用关键技术研究与示范、宁夏农业综合开发土地治理科技推广项目的长期支持。

感谢中国科学院东北地理与农业生态研究所陈旭博士硕士、博士期6年的严谨辛苦研究，感谢我所在的工作单位河南科技大学的鼎力支持，感谢河南科技大学田虎伟教授和庞玉辉博士提出的宝贵建议！

张园

2023年4月